編集委員会

飯高　茂　（学習院大学）
中村　滋　（東京海洋大学名誉教授）
岡部　恒治　（埼玉大学）
桑田　孝泰　（東海大学）

本文イラスト
飯高　順

「数学のかんどころ」
刊行にあたって

　数学は過去，現在，未来にわたって不変の真理を扱うものであるから，誰でも容易に理解できてよいはずだが，実際には数学の本を読んで細部まで理解することは至難の業である．線形代数の入門書として数学の基本を扱う場合でも著者の個性が色濃くでるし，読者はさまざまな学習経験をもち，学習目的もそれぞれ違うので，自分にあった数学書を見出すことは難しい．山は1つでも登山道はいろいろあるが，登山者にとって自分に適した道を見つけることは簡単でないのと同じである．失敗をくり返した結果，最適の道をみつけ登頂に成功すればよいが，無理した結果諦めることもあるであろう．

　数学の本は通読すら難しいことがあるが，そのかわり最後まで読み通し深く理解したときの感動は非常に深い．鋭い喜びで全身が包まれるような幸福感にひたれるであろう．

　本シリーズの著者はみな数学者として生き，また数学を教えてきた．その結果えられた数学理解の要点（極意と言ってもよい）を伝えるように努めて書いているので読者は数学のかんどころをつかむことができるであろう．

　本シリーズは，共立出版から昭和50年代に刊行された，数学ワンポイント双書の21世紀版を意図して企画された．ワンポイント双書の精神を継承し，ページ数を抑え，テーマをしぼり，手軽に読める本になるように留意した．分厚い専門のテキストを辛抱強く読み通すことも意味があるが，薄く，安価な本を気軽に手に取り通読して自分の心にふれる個所を見つけるような読み方も現代的で悪くない．それによって数学を学ぶコツが分かればこれは大きい収穫で一生の財産と言

えるであろう．

　「これさえ摑めば数学は少しも怖くない，そう信じて進むといいですよ」と読者ひとりびとりを励ましたいと切に思う次第である．

編集委員会と著者一同を代表して

　　　　　　　　　　　　　　　　　　　　　　　　飯高　茂

はじめに

　本書は，これから大学数学を学ぶ新入生のためのガイダンスである．高校で学んだ数学と大学で学ぶ数学のギャップという問題は，古くて新しい．ギャップが生じる原因の一つは，大学では数学の論理性や証明の重要性が強調されることである．したがって，どこかで大学における数学のスタイルを習得する必要がある．本書では，大学数学のどの科目でも必要とされる基礎事項を選び，大学のスタイルで記述した．読み進みながら，例を考え，問題を解くことで，読者が大学数学に順応していくことを期待している．数学にも，「習うより慣れろ」という一面があるのである．

　第1章では，数学における記号や用語の使い方を解説する．講義が始まると数学特有の言葉遣いに戸惑うものである．文献ガイドの節も設けてある．講義や教科書を深く理解するためには，歴史的な背景や発展的な話題に触れることも大事である．

　第2章では，集合と写像の基礎事項を学び，第3章では，同値関係や順序関係の考え方を学ぶ．これらは，数学における基本中の基本である．簡単な例や，やさしい問題を挿入してあるので，根気よく挑戦してほしい．挫折しがちな全単射写像と同値類の概念は要注意である．

　第4章では，論理の構造や証明法について学ぶ．当然のことな

がら，証明は正しい論理に基づいていなければならない．第 5 章では，間接証明の一つである数学的帰納法についてバリエーションを含めて学ぶ．関連して，鳩の巣原理にも言及する．

第 6 章は，「数える」ということをテーマにする．とくに，組合せの数について整理しておく．第 7 章および第 8 章では，割り算原理，素数，合同式など，初等整数論の最初の部分について述べる．割り算原理など，よく知っていることでも，きちんと証明するにはそれなりの手順が必要である．

数学を学ぶには，積み重ねがとくに重要であり，基礎から一つひとつ順番に理解するのが唯一の方法である．途中でわからなくなった場合には，最初に戻って勉強し直すのが一番の近道である．大学における数学学習のスタートにあたって，このことをぜひ心に留めておいてほしい．

最後に，本書を執筆する機会を与えていただいた飯高 茂先生（学習院大学教授）に心から感謝の意を表したい．また，数学者の生き生きとした似顔絵イラストを提供していただいた飯高 順氏と，本書の執筆校正に関してお世話になった共立出版の野口訓子さんに，この場を借りてお礼を申し上げたい．

2011 年 4 月
酒井文雄

目　次

第 1 章　数学の言葉 ………………………………………… 1
   1.1　数学用語　2
   1.2　文献ガイド　5

第 2 章　集合と写像 ………………………………………… 11
   2.1　集合　12
   2.2　写像　18

第 3 章　同値関係と順序関係 ……………………………… 27
   3.1　同値関係　28
   3.2　順序関係　33

第 4 章　論理と証明 ………………………………………… 39
   4.1　命題論理　40
   4.2　述語論理　46
   4.3　証明法　52

第 5 章　数学的帰納法 ……………………………………… 55
   5.1　数学的帰納法のいろいろ　56

5.2　整列集合　62
　　　5.3　鳩の巣原理　64

第6章　数える　　71
　　　6.1　組合せの数　72
　　　6.2　二項定理　78
　　　6.3　包含と排除の原理　82

第7章　数の仕組み　　87
　　　7.1　割り算原理　88
　　　7.2　最小公倍数，最大公約数　90
　　　7.3　素数　97

第8章　合同計算　　105
　　　8.1　合同式　106
　　　8.2　1次合同式　109
　　　8.3　中国剰余定理　112
　　　8.4　フェルマーの小定理　114

付録A　複素数　　119

問題のヒントと解答　125
索　　引　135

第 1 章

数学の言葉

何気なく使っている + や − などの数学記号，代数や幾何などの数学用語には長い歴史があり，人類の知恵が凝縮されている．数学を学ぶには，まず数学記号や数学用語に慣れることが必要である．

表 1.1　ギリシア文字の読み方

大文字	小文字	発音	大文字	小文字	発音
A	α	アルファ	N	ν	ニュー
B	β	ベータ	Ξ	ξ	クシー (グザイ)
Γ	γ	ガンマ	O	o	オミクロン
Δ	δ	デルタ	Π	π	パイ
E	ε	イプシロン	P	ρ	ロー
Z	ζ	ツェータ (ゼータ)	Σ	σ	シグマ
H	η	エータ (イータ)	T	τ	タウ
Θ	θ, ϑ	テータ (シータ)	Υ	υ	ウプシロン
I	ι	イオタ	Φ	ϕ, φ	ファイ
K	κ	カッパ	X	χ	カイ
Λ	λ	ラムダ	Ψ	ψ	プシー (プサイ)
M	μ	ミュー	Ω	ω	オメガ

1.1 数学用語

数学記号

数学の発展や普及には優れた**数学記号**が重要である．現在使われている基本的な数学記号は 17 世紀頃に定着した．当初はいろいろな記号が併存したが，16 世紀頃から 17 世紀頃にかけて数学が国を越えて発展するに従って，より便利な記号に統一されたのである[1]．主な記号の創始者を表 1.2 に示す[2]．

日本の和算における関孝和（1642?-1708）の功績の一つに，筆

表 1.2 数学記号の歴史

記号	意味	創始者	年代
$+, -$	加法，減法	ウィドマン（ドイツ）	15 世紀
$\sqrt{}$	根号	ルドルフ（ドイツ）	16 世紀
$=$	等号	レコード（イギリス）	16 世紀
$\times$	乗法	オートレット（イギリス）	17 世紀
$\cdot$	乗法	ライプニッツ（ドイツ）	17 世紀
$\div$	除法	ラーン（スイス）	17 世紀
$:$	除法	ライプニッツ（ドイツ）	17 世紀
x, y, z	未知数	デカルト（フランス）	17 世紀
∞	無限大	ウォリス（イギリス）	17 世紀
$\dot{x}$	速度	ニュートン（イギリス）	17 世紀
$\int$	積分記号	ライプニッツ（ドイツ）	17 世紀

---

1) カルダーノ（Caldano, 1501-1576）は "$3x^2 + 5x = 20$" を "$3.quad.\tilde{p}.5.pos.aeq.20$" と記し，ヴィエト（Viète, 1540-1603）は "$3x^3 + 5x^2 + 6$" を "$3C + 5Q + 6N$" と記している（16 世紀）．
2) F. Cajori: *A History of Mathematical Notations*, Dover Publ., 1993.

算による方程式の解法（点ざん術，傍書法）の考案がある．その方法によれば，「13 甲 ^{2} $-$3 甲 × 乙」は次のような縦書きで表される．

$$\begin{array}{c|c} | \equiv & 甲巾 \\ \not\equiv & 甲乙 \end{array}$$

数学用語

英語等のヨーロッパ語で用いられている数学用語にはギリシア語に起源を持つものが多い．代表的な例は **mathematics**[3]（数学），**geometry**[4]（幾何学），**arithmetic**（算術）である．微分積分学を意味する **calculus** は，もともと小石を意味するラテン語である．古代ローマ人の計算法は小石を並べるものであった[5]．微分積分学は小石による計算の高度に発達したものという意味の命名であろうか．

古代ギリシアの数学がアラビアを経てルネッサンス期のヨーロッパに伝わった経緯により，アラビア語起源の用語もある．**algebra**（代数学）は 9 世紀のバクダットの数学者アル・フアリズミー（Al-Khwarizmi, 790?-850?）の著書の題名にある "al-jabr"（移項を意味するアラビア語）に由来する．面白いことに，アルゴリズム（algorithm）はこの人名「アル・フアリズミー」の変じたものであるという[6]．

---

[3] ギリシア語の「マテマータ」は，教育課程を経なければ習得できないものという意味．

[4] "geo" は地球，土地の意味を持ち，"metry" は測定の意味を持つ．また，**topology**（トポロジー）も場所を意味するギリシア語の "topos" に由来する．

[5] 英語の計算するという動詞 "calculate" も同じ語源である．

[6] インド・アラビア式記数法について述べたアル・フアリズミーの著書のラテン語訳の題名が "Liber Algorismi"（アル・フアリズミーの本の意）であったことによる．当初は "algorism" と書かれ，アラビア式記数法を意味した．

現在日本で使われている数学用語には，大きく分けて3通りのルーツがある．第一のルーツは古代中国および和算で使用された言葉である．たとえば，算数の算は古代中国で用いられた計算用の小さい棒のことである．その他，商，法，和，差，積，方程，円周率等がある．

第二のルーツは中国で考案された翻訳語（17世紀〜19世紀）である．たとえば，幾何は "geometry" の中国語訳である．ただし，音訳語ではないそうである（[46] 参照）．また，代数は "algebra" の意訳語である．その他，積分，微分，未知数，虚数等がある．

第三のルーツは日本製の翻訳語である．数学は "mathematics" の訳語として考案された．ほかにも，座標，公理，単位，複素数，確率等がある．

数学における用語法

大学における数学の講義や教科書等で慣用的に用いられる言葉がある．任意の（any）はすべての（all）やどれも（every）とほぼ同義であり，「どれをとっても」というニュアンスがある．各（each）も同様に用いられるが，「それぞれについて（各々について）」というニュアンスがある．

定義の中でよく用いられる表現 **well defined** は「矛盾なく定義されている」という意味である．また，**such that**（略して，s.t.）は「以下のことが成り立つような」という付帯条件を表している．**with respect to**（略して，w.r.t.）は「to 以下のことに関して」という意味で用いられる．

証明の終わりに用いられる **Q.E.D.** という略語は "Quod erat demonstrandum" というラテン語から来ている．その意味は「以上が証明すべきことであった」である．**e.g.** という略語は「たと

えば」を意味するラテン語の "exempli gratia" に由来する．また，**etc.** はラテン語の "et cetera" の略語で，「など」の意味である．列挙を省略する場合に用いる．「すなわち」という意味の **i.e.** は，ラテン語の "id est"（英語の "that is" に相当する）の略語である．

定理（Theorem），命題（Proposition），系（Corollary），補題（Lemma）の区別は，著者の価値観によって異なることがある．基本的には，重要な意味を持つ命題を**定理**といい，補助的な役割を果たす命題を**補題**という．また，命題や定理などからすぐに導かれる命題を**系**という．

自然数や整数などは次のような記号で表される．

N	自然数全体	**Z**	整数全体	**Q**	有理数全体
R	実数全体	**C**	複素数全体	**H**	4 元数全体

1.2　文献ガイド

数学の学び方，数学の楽しみ方，数学の歴史に関して，以下の文献を挙げておく．

コラム　現代中国語

現代中国では，日本と異なる数学用語も用いられている．たとえば，引理（補題），映射（写像），満射（全射），向量（ベクトル），常量（スカラー），域（体），同余（合同）などである．

🌳 数学の学び方

[1] 小平邦彦（編）:『数学の学び方』, 岩波書店, 1987.

[2] 佐藤文広:『数学ビギナーズマニュアル』, 日本評論社, 1994.

[3] 高崎金久:『新入生のための数学序説』, 実教出版, 2001.

[4] 遠山 啓:『数学の学び方・教え方』, 岩波新書, 1972.

🌳 数学入門

[5] 秋葉繁夫:『広がる数と形の世界』, 新日本出版社, 1994.

[6] 大沢健夫:『寄り道の多い数学』, 岩波書店, 2010.

[7] 佐藤 肇・一楽重雄:『幾何の魔術』（新版）, 日本評論社, 2002.

[8] 志賀弘典:『数学の視界』, 数学書房, 2008.

[9] J. H. シルヴァーマン（鈴木治郎 訳）:『はじめての数論』, ピアソンエデュケーション, 2007.

[10] 遠山 啓:『数学入門』, 岩波新書, 1960.

[11] 羽鳥裕久:『数学の小さな旅』, 近代科学社, 1992.

🌳 数学の歴史

[12] F. カジョリ（小倉金之助 訳）:『初等数学史』（新版）, 共立出版, 1997.

[13] 春日真人:『100 年の難問はなぜ解けたのか, 天才数学者の光と影』, NHK 出版, 2008.

[14] 加藤文元:『物語 数学の歴史 − 正しさへの挑戦』, 中公新書, 2009.

[15] 斎藤 憲:『ユークリッド「原論」とは何か』, 岩波書店, 2008.

[16] S. シン（青木 薫 訳）:『フェルマーの最終定理』, 新潮文庫, 2006.

[17] 竹之内 脩：『関孝和の数学』，共立出版，2008．

🌿 数学者の伝記

[18] F. G. アシャースト（好田順治 訳）：『10人の大数学者』，講談社，1985．

[19] R. S. ウエストフォール（田中一郎ほか 訳）：『アイザック・ニュートン』，平凡社，1993．

[20] R. カニーゲル（田中靖夫 訳）：『無限の天才－夭逝の数学者・ラマヌジャン』，工作舎，1994．

[21] 高木貞治：『近世数学史談』，共立出版，1935．

[22] S. ナサー（塩川 優 訳）：『ビューティフルマインド』，新潮社，2002．

[23] 藤原正彦：『心は孤独な数学者』，新潮社，1997．

[24] 藤原正彦：『天才の栄光と挫折－数学者列伝』，新潮社，2002．

🌿 数学者によるエッセイ

[25] 秋山 仁：『数学流生き方の再発見』，中央公論社，1990．

[26] 岡 潔：『春宵十話』，角川書店，1969．

[27] 小平邦彦：『怠け数学者の記』，岩波書店，1986．

[28] 広中平祐：『生きること学ぶこと』，集英社，1984．

[29] 藤原正彦：『数学者の言葉では』，新潮社，1981．

🌿 数学を題材にした物語

[30] 冲方 丁：『天地明察』，角川書店，2009．

[31] 遠藤寛子：『算法少女』，筑摩書房，2006．

[32] 小川洋子：『博士の愛した数式』, 新潮文庫, 2005.

[33] A. ドキアディス（酒井武志 訳）：『ペトロフ伯父と「ゴールドバッハの予想」』, 早川書房, 2001.

[34] 永井義男：『算学奇人伝』, TBS ブリタニカ, 1997.

[35] 鳴海 風：『和算小説の楽しみ』, 岩波書店, 2008.

[36] 新田次郎：『算士秘伝』, 新田次郎全集第 19 巻, 新潮社, 1976.

雑誌・辞典

『数学セミナー』,『数理科学』,『BASIC 数学』,『数学のたのしみ』などの雑誌には, 数学に関する興味ある記事が掲載されている. 数学用語の意味, 定理や公式の解説, 各テーマの現状や歴史などについては,『岩波数学入門辞典』,『岩波数学辞典』がある.

TEX

数学のレポートや論文を書くには, 文書処理システム LaTeX および日本語 LaTeX を用いるのが一般的になっている.

[37] 小田忠雄：「数学の常識・非常識 – 由緒正しき TEX 入力法」, 数学通信 4, No.1, 日本数学会, 1999.
（http://www.math.tohoku.ac.jp/texinfo.html）

英語

初めて英語で論文を書く人には, 次の本を推薦したい.

[38] M. ピーターセン：『日本人の英語』, 岩波新書, 1988.

[39] J. Trzeciak: *Writing Mathematical Papers in English*, Europ. Math. Soc., 1995.

ウェブサイト

ウェブサイトにもいろいろ有益な情報源がある．

[40] The MacTutor History of Mathematics archive
(http://www-groups.dcs.st-and.ac.uk/history/index.html)

関連図書

[41] 酒井文雄：『環と体の理論』，共立出版，1997．

[42] H. M. スターク（芹沢正三ほか 訳）：『初等整数論』，現代数学社，2000．

[43] R. P. スタンレイ（山田 浩ほか 訳）：『数え上げ組合せ論 1』，日本評論社，1990．

[44] H. Davenport: *The Higher Arithmetic*, 5th ed. Cambridge Univ. Press, 1992.

[45] T. W. Hungerford: *Abstract Algebra: An Introduction*, 2nd ed. Brooks/Cole, 1997.

[46] 李 迪（大竹 茂雄ほか 訳）：『中国の数学通史』，森北出版，2002．

第2章

集合と写像

　集合と写像は数学の記述には必ず必要である．いわば数学の基本中の基本である．いろいろな集合の包含関係を表す図（ベン図，Venn diagram）にはすでに親しみを感じるのではないだろうか．さらに，「ぜんたんしゃしゃぞう」と聞いて，全単射写像がイメージされるようになれば，かなり勉強した証拠である．

オイラー (Euler, 1707-1783)：18世紀最大の数学者，関数の記号 $f(x)$ の創始者．

2.1 集合

いろいろなものの集まりを**集合**（set）といい，その集合を構成しているものを**元**（element）という[1]．集合は

$$A = \{n \mid n\text{ は 2 の倍数}\}$$
$$B = \{x \mid x\text{ は S 大学の数学科の学生である}\}$$

のように，その集合に含まれる元の条件を示すか，または，

$$A = \{1, 2, 4, 6, 8, 10\}$$
$$B = \{a, b, c, d, e, f\}$$

のように，すべての元を書き並べて表す．属する元が一つもない集合を**空集合**（empty set）といい，$\emptyset$ で表す．元 a が集合 A の元であるとき，$a \in A$ で表し，a が A の元でないとき，$a \notin A$ で表す．

集合 B の元がすべて集合 A の元であるとき，B は A の**部分集合**（subset）であるといい，$B \subset A$ で表す（図 2-1）．

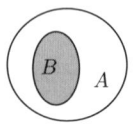

図 2-1　$B \subset A$

集合 B に属する元が集合 A に属し，集合 A に属する元が集合 B に属するとき，A と B は等しいといい，$A = B$ で表す．これは，$A \subset B$ かつ $B \subset A$ ということにほかならない．また，$B \subset A$ であって，$B = A$ ではないとき，B は A の**真部分集合**（proper subset）であるといい，$B \subsetneq A$ で表す[2]．

---
[1] 要素ともいう．
[2] B が A の部分集合であることを記号 $B \subseteq A$ で表し，B が A の真部分集合であることを $B \subset A$ で表す流儀もある．

有限個の元で構成された集合を有限集合といい，無限個の元が属する集合を無限集合という．集合 A に属する元の個数（number）を $|A|$ で表す．ただし，A が無限集合なら，$|A| = \infty$ とする．

問題 2.1

次の集合は有限集合か無限集合か．
(1) $A = \{x \,|\, x$ は $x^2 < 100$ を満たす整数$\}$
(2) $B = \{x \,|\, x$ は $x^3 < 100$ を満たす整数$\}$

問題 2.2

集合 $A = \{1, 2, \ldots, n\}$ のすべての部分集合の個数は 2^n であることを示せ．

和集合と共通部分

集合 A と B の**和集合**（sum）[3] を $A \cup B$ で，**共通部分**（intersection）を $A \cap B$ で表す．定義を書けば，

$$A \cup B = \{x \,|\, x \in A \text{ または } x \in B\}$$
$$A \cap B = \{x \,|\, x \in A \text{ かつ } x \in B\}$$

である（図 2-2）．

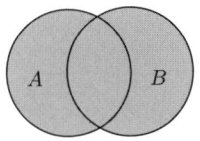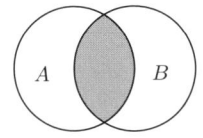

図 2-2　$A \cup B$ と $A \cap B$

---

3) 合併集合（union）ともいう．

命題 2.3

次の等式が成立する．
(1) $A \cup B = B \cup A$, $A \cap B = B \cap A$
(2) $A \cup (B \cup C) = (A \cup B) \cup C$
(3) $A \cap (B \cap C) = (A \cap B) \cap C$

[証明] ここでは (2) を確認しておく．

左辺 ⊂ 右辺 いま，$a \in$ 左辺とする．このことは，$a \in A$ または $a \in B \cup C$ を意味する．このとき，$a \in A$ であれば $a \in A \cup B \subset$ 右辺である．また，$a \in B \cup C$ であれば，$a \in B$ または $a \in C$ である．よって，$a \in B$ のときには，$a \in A \cup B \subset$ 右辺であり，$a \in C$ のときも，$a \in$ 右辺である．ここで，a は A の任意の元でよいので，左辺 ⊂ 右辺が示されたことになる．

左辺 ⊃ 右辺 同様な議論が有効である． □

定理 2.4

次の等式が成立する（図 2-3）．
(1) $A \cup (B \cap C) = (A \cup B) \cap (A \cup C)$
(2) $A \cap (B \cup C) = (A \cap B) \cup (A \cap C)$

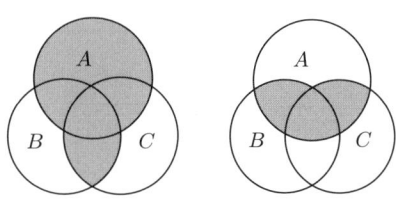

図 2-3 $A \cup (B \cap C)$ と $A \cap (B \cup C)$

[証明]

(1) 左辺 $\subset$ 右辺 $a \in$ 左辺は，$a \in A$ または $a \in B \cap C$ ということである．$a \in A$ ならば，$a \in A \cup B$ および $a \in A \cup C$ は明らかであり，$a \in B \cap C$ ならば，もちろん $a \in B \subset A \cup B$ かつ $a \in C \subset A \cup C$ である．

左辺 $\supset$ 右辺 $a \in$ 右辺は，$a \in A \cup B$ かつ $a \in A \cup C$ ということである．これは，$a \in A$ ならば成立し，$a \notin A$ のときには $a \in B \cap C$ となることを意味する．したがって，$a \in$ 左辺である．

(2) $a \in A \cap (B \cup C)$ は，$a \in A$ かつ $a \in B \cup C$ と同値であり，これは，$a \in A \cap B$ または $a \in A \cap C$ ということである． □

問題 2.5

$A = \{1,2,3,4\}$, $B = \{2,3,6,7\}$, $C = \{3,4,5,6\}$ のとき，集合 $A \cap B \cap C$ および $A \cap (B \cup C)$ を求めよ．

🌿 補集合

集合 A の元であるが集合 B の元でないもの全体のなす部分集合を $A \setminus B$ で表す．さらに，集合 M とその部分集合 A が与えられているとき，$M \setminus A$ を M における A の補集合（complement）といい，ここでは，記号 A^c で表す（図 2-4）．

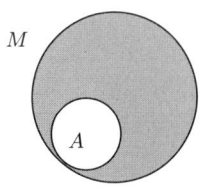

図 2-4 補集合

定理 2.6　ド・モルガンの法則

集合 M の部分集合 A, B について，等式
(1) $(A \cup B)^c = A^c \cap B^c$
(2) $(A \cap B)^c = A^c \cup B^c$
が成立する．

[証明]　ここでは (2) を証明する．元 a が補集合 $(A \cap B)^c$ に含まれるということは，$a \notin A \cap B$ ということであり，$a \notin A$ または $a \notin B$，すなわち $a \in A^c$ または $a \in B^c$ と同値である．したがって，$a \in A^c \cup B^c$ となり，(2) の等号が成立する． □

有限集合の個数に関する次の事実を述べておく（定理 6.22 参照）．

命題 2.7

有限部分集合 A, B について，

$$|A \cup B| = |A| + |B| - |A \cap B|$$

が成立する．

[証明]　和集合の個数 $|A \cup B|$ は，両方の集合の個数の和 $|A| + |B|$ から共通部分の個数 $|A \cap B|$ を差し引けば求まる． □

問題 2.8

1 から 100 までの自然数で，6 の倍数でも 8 の倍数でもないものの個数を求めよ．

🌿 直積集合

集合 A と集合 B の元の組全体の集合

$$\{(a,b) \,|\, a \in A, b \in B\}$$

を A と B の**直積集合**（Cartesian product）といい，$A \times B$ で表す．このとき，$(a,b) = (a',b')$ は $a = a'$, $b = b'$ と理解する．たとえば，$A = \{a,b,c\}$, $B = \{1,2\}$ のときには，

$$A \times B = \{(a,1), (a,2), (b,1), (b,2), (c,1), (c,2)\}$$

である．直積集合 $\mathbf{R} \times \mathbf{R}$ は二つの実数の組 (a,b) の集合であり，通常の平面 $\mathbf{R}^2$ にほかならない．

問題 2.9

集合 A, B, C について，次の等式を証明せよ．
(1) $A \times (B \cup C) = (A \times B) \cup (A \times C)$
(2) $A \times (B \cap C) = (A \times B) \cap (A \times C)$

問題 2.10

A, B が有限集合のとき，等式 $|A \times B| = |A||B|$ を示せ．

🌿 集合族

集合 I の各元 i に対し，集合 A_i が定義されているとする．このとき，$\{A_i \,|\, i \in I\}$ を I を添え字集合（index set）とする**集合族**（family of sets）という．集合族の和集合を

$$\bigcup_{i \in I} A_i = \{a \,|\, \text{ある } i \in I \text{ があって，} a \in A_i\}$$

で定義し，共通部分を

$$\bigcap_{i \in I} A_i = \{a \,|\, \text{すべての } i \in I \text{ について, } a \in A_i\}$$

で定義する．

問題 2.11

自然数の集合 $\mathbf{N}$ を添え字集合とする集合族

$$A_n = \left\{ \frac{k}{n} \ \middle|\ 1 \leq k \leq n \right\}$$

について，和集合 $\bigcup_{n \in \mathbf{N}} A_n$ と共通部分 $\bigcap_{n \in \mathbf{N}} A_n$ を求めよ．

2.2 写像

集合 A の各元に対して，集合 B の元がただ一つ対応する規則 f が定まっているとき，この対応を A から B への**写像** (map または mapping) といい，

$$f : A \to B$$

で表す．このとき，A の元 a に対応する B の元を $f(a)$ で表し，f による a の**像** (image) という．A を写像 f の**定義域** (domain)，B を写像 f の**値域** (range) という．二つの写像 $f : A \to B$, $g : A \to B$ が等しいとは，A のすべての元 a について，等式 $f(a) = g(a)$ が成立することをいい，$f = g$ で表す．

$$A \ni a \mapsto \boxed{ f } \mapsto f(a) \in B$$

実数や複素数への写像については，関数（function[4]）を用いるのが一般的である．歴史的には，規則 f を表す式を関数と呼んでいたこともある．オイラー（Euler, 1707-1783）による関数の定義は「一つの変数の関数とは，その変数と定数とからなる解析的式である」であった．多くの場合，与えられた式が意味を持つように定義域を定めて，その式を上記の意味の写像や関数にすることができる．たとえば，式 $1/x$ の定義域としては，$\mathbf{R} \setminus \{0\}$ をとればよい．

例 2.12

(1) $A = \{$ 世界の国 $\}$，$B = \{$ 世界の都市 $\}$ とし，各国にその首都を対応させれば，写像 $f : A \to B$ が定義される．

(2) 各実数にその立方数を対応させる写像（関数）$f : \mathbf{R} \to \mathbf{R}$ は，$f(x) = x^3$ という式で表される．

(3) 次のような写像（関数）$f : \mathbf{R} \to \{0, 1\}$ もある．

$$f(x) = \begin{cases} 1 & x \text{ が有理数のとき} \\ 0 & x \text{ が無理数のとき} \end{cases}$$

コラム 写像？

実際には，規則 f が有効な規則かどうかの判断が難しいこともある．たとえば，$f(n)$ を円周率の少数第 n 位の数字と定めた場合，n が大きくなると，生きている間に答えが出るとは限らない．

プログラム言語の「関数」は，再帰的定義などを含む場合，対応する値が定まらないこともある．

---

[4] "function" は日常用語であり，通常の意味は「働き」あるいは「機能」である．

全射写像と単射写像

写像 $f : A \to B$ について，$f(A) = \{f(a)\,|\,a \in A\}$ を f の像という[5]．部分集合 $A' \subset A$ についても，$f(A') = \{f(a)\,|\,a \in A'\}$ を A' の像という．もちろん，$f(A') \subset f(A)$ である．

$f(A) = B$，すなわち，集合 B のすべての元が f の像に含まれるとき，写像 f は**全射**（surjective）であるという（図 2-5）．

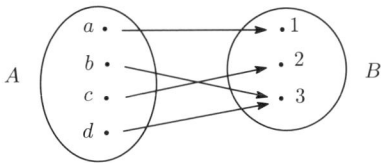

図 2-5　全射写像

次に，$f(a) = f(a')$ となるのが $a = a'$ の場合に限られるとき，写像 f は**単射**（injective）であるという[6]（図 2-6）．

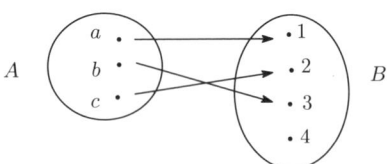

図 2-6　単射写像

言い換えれば，$a \neq a'$ のとき，必ず $f(a) \neq f(a')$ となるということである．全射であると同時に単射でもある写像を**全単射写像**（bijective map）という（図 2-7）．

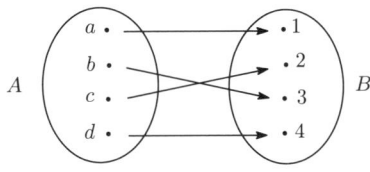

図 2-7　全単射写像

---

[5] 記号 $\mathrm{Im}(f)$ を使うこともある．
[6] 1 対 1 写像ともいう．

例 2.13

集合 A の恒等写像（identity map） $\mathrm{id}_A : A \ni a \mapsto a \in A$ は全単射写像である．また，$A \subset B$ のとき，包含写像（inclusion map）$A \ni a \mapsto a \in B$ は単射である．

問題 2.14

次の写像が全射かどうか，単射かどうかを判定せよ．

(1) 写像 $f : \mathbf{R} \to \mathbf{R}$ を $f(x) = x^2$ で定義する．
(2) $\mathbf{R}^+ = \{x \in \mathbf{R} \mid x \geq 0\}$ とし，写像 $f : \mathbf{R}^+ \to \mathbf{R}$ を $f(x) = x^2$ で定義する．
(3) 写像 $g : \mathbf{R} \to \mathbf{R}$ を $g(x) = x^3$ で定義する．

例題 2.15

集合 M から集合 N への写像 $f : M \to N$ が与えられているとき，M の部分集合 A, B について，次を示せ．

(1) $f(A \cap B) \subset f(A) \cap f(B)$
(2) $f(A \cup B) = f(A) \cup f(B)$

[解] (1) $A \cap B \subset A$ であるので，$f(A \cap B) \subset f(A)$ であり，$A \cap B \subset B$ であるので，$f(A \cap B) \subset f(B)$ である．よって，$f(A \cap B) \subset f(A) \cap f(B)$ がわかる．

(2) $A \subset A \cup B$ であるので，$f(A) \subset f(A \cup B)$ であり，$B \subset A \cup B$ であるので，$f(B) \subset f(A \cup B)$ である．したがって，$f(A) \cup f(B) \subset f(A \cup B)$ が成立する．逆に，$b \in f(A \cup B)$ であれば，$b = f(a)$ となる $a \in A \cup B$ が存在する．したがって，$b \in f(A) \cup f(B)$ となり，$f(A \cup B) \subset f(A) \cup f(B)$ が成立する． □

例題 2.16

$A = \{a, b, c, d\}$ から $B = \{1, 2\}$ への写像を記述せよ．

[解] A から B への写像の集合を M で表し，1 と 2 による 4 個の数字の列の集合を N で表す．写像 $f \in M$ に対し，$f(a)f(b)f(c)f(d) \in N$ を対応させると，M から N への全単射写像が得られる．実際，$n_1 n_2 n_3 n_4 \in N$ と $f(a) = n_1$, $f(b) = n_2$, $f(c) = n_3$, $f(d) = n_4$ で定まる写像 f とが対応する．集合 N の元は次の 16 個である．

$$N = \{1111, 1112, 1121, 1122, 1211, 1221, 1212, 1222,$$
$$2111, 2112, 2121, 2122, 2211, 2212, 2221, 2222\}$$

□

問題 2.17

(1) 集合 $A = \{a, b, c, d\}$ から集合 $B = \{1, 2\}$ への全射写像の個数を求めよ．

(2) 集合 $A = \{a, b\}$ から集合 $B = \{1, 2, 3, 4\}$ への単射写像の個数を求めよ．

合成写像

写像 $f : A \to B$ と写像 $g : B \to C$ が与えられたとき，写像 $A \ni a \mapsto g(f(a)) \in C$ を f と g との**合成写像**（composed map）といい，$g \circ f$ で表す（図 2-8）．

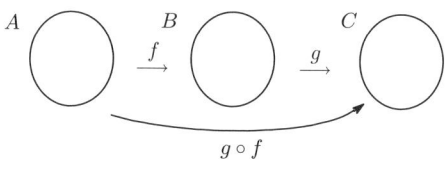

図 2-8 合成写像

問題 2.18

(1) f, g が単射写像であれば，$g \circ f$ も単射写像であることを示せ．
(2) f, g が全射写像であれば，$g \circ f$ も全射写像であることを示せ．

命題 2.19

集合 A, B, C, D と写像 $f: A \to B$, $g: B \to C$, $h: C \to D$ が与えられたとき，合成写像に関して，結合法則

$$h \circ (g \circ f) = (h \circ g) \circ f$$

が成立する．

[証明] 定義により，A の任意の元 a について，

$$(h \circ (g \circ f))(a) = h((g \circ f)(a)) = h(g(f(a)))$$

および

$$((h \circ g) \circ f)(a) = (h \circ g)(f(a)) = h(g(f(a)))$$

が成立する．これは，等式 $h \circ (g \circ f) = (h \circ g) \circ f$ を意味している． □

さて，写像 $f: A \to B$ が全単射写像のとき，B の任意の元 b について，$f(a) = b$ となる元 $a \in A$ がただ一つ存在するので，写像

$$B \ni b \mapsto a \in A$$

が定義される．この写像を f の**逆写像** (inverse map) といい，記号では f^{-1} で表す．このとき，$f^{-1} \circ f = \mathrm{id}_A$ および，$f \circ f^{-1} = \mathrm{id}_B$ となることは明らかである．

例題 2.20

写像 $f : A \to B$ と写像 $g : B \to A$ が存在して，$g \circ f = \mathrm{id}_A$ および，$f \circ g = \mathrm{id}_B$ が成立すれば，f も g も全単射写像であることを示せ．

[解] 任意の元 $b \in B$ に対して，$a = g(b)$ で $a \in A$ を定めれば，$f(a) = (f \circ g)(b) = \mathrm{id}_B(b) = b$ となるので，f は全射である．次に，$(g \circ f)(a) = \mathrm{id}_A(a) = a$ であるので，$f(a) = f(a')$ であれば，$a = a'$ が成立する．したがって，f は単射である． □

問題 2.21

写像 $f : A \to B$ と写像 $g : B \to C$ がある．次を示せ．
(1) 写像 g が単射であり，合成写像 $g \circ f$ が全射であれば，f は全射写像である．
(2) 写像 f が全射であり，合成写像 $g \circ f$ が単射であれば，g は単射写像である．

集合 M から集合 N への写像 $f : M \to N$ が与えられているとき，N の部分集合 B について，$f^{-1}(B) = \{a \in M \mid f(a) \in B\}$ と定める．

例題 2.22

等式 $f^{-1}(N \setminus B) = M \setminus f^{-1}(B)$ を確認せよ．

[解] 容易にわかるように，次は同値である．$x \in f^{-1}(N\setminus B) \iff f(x) \notin B \iff x \notin f^{-1}(B) \iff x \in M \setminus f^{-1}(B)$. □

問題 2.23

(1) N のすべての部分集合 B に対して，$f(f^{-1}(B)) = B$ となる必要十分条件は f が全射であることを示せ．

(2) M のすべての部分集合 A について，$A = f^{-1}(f(A))$ となる必要十分条件は f が単射であることを示せ．

第3章

同値関係と順序関係

　数学のあらゆる分野に同値関係が登場する．同値関係の基本は，与えられた集合のうち「同じ性質を持つ」元の集合を一つのまとまりとして扱うという考え方である．たとえば，整数には偶数と奇数があり，一日一日には曜日がある．また，順序関係もしばしば使われる．物事を整理するときに，いろいろな指標を基にして一列に並べるのは，大事なプロセスである．辞書における単語の並べ方のルールはその例である．

```
after
afternoon
again
against
age
agent
ago
```

3.1 同値関係

集合 A の 2 元に関係（relation）が定義されているとする．すなわち，2 元 $a, b \in A$ について，関係があるかないかということが決められているとする[1]．このとき，a が b に関係があるということを $a \sim b$ という記号で表す．A の任意の元 a, b, c に対して，次の 3 条件が満たされる関係を同値関係（equivalence relation）という．

(i) $a \sim a$ （反射律）
(ii) $a \sim b \Rightarrow b \sim a$ （対称律）
(iii) $a \sim b, b \sim c \Rightarrow a \sim c$ （推移律）

集合 A の同値関係 $\sim$ を考える．元 a と同値な元全体の集合を $\bar{a}$ で表し，a の属する同値類（equivalence class）という．すなわち，

$$\bar{a} = \{b \in A \mid b \sim a\}$$

である[2]．もちろん，$a \sim a$ だから $a \in \bar{a}$ である．

定理 3.1

$\bar{a} = \bar{b}$ となる必要十分条件は $a \sim b$ である．

[証明] $\bar{a} = \bar{b}$ を仮定すると，$a \in \bar{a}$ だから $a \in \bar{b}$ となり，$\bar{b}$ の定義により $a \sim b$ である．逆に，$a \sim b$ を仮定する．まず，$\bar{a} \subset \bar{b}$ を示す．任意の元 $c \in \bar{a}$ をとると，$c \sim a$ だから，推移律により $c \sim b$ すなわち $c \in \bar{b}$ となり，$\bar{a} \subset \bar{b}$ である．$\bar{b} \subset \bar{a}$ の証明も同様である． □

---

[1] 厳密にいうと，関係は，部分集合 $R \subset A \times A$ で定義される．すなわち，$(a, b) \in R$ のとき，a と b は関係があると定義するのである．
[2] $[a]$ という記号もよく用いられる．

系 3.2

二つの同値類 $\bar{a}$ と $\bar{b}$ については，
(1) $\bar{a} = \bar{b}$
(2) $\bar{a} \cap \bar{b} = \emptyset$
のいずれか一方が成立する．

[証明] 共通元 $c \in \bar{a} \cap \bar{b}$ が存在すれば，定義により $c \sim a$，$c \sim b$ である．対称律により $a \sim c$ であり，推移律により $a \sim b$ が成立する．したがって，定理 3.1 により $\bar{a}$ と $\bar{b}$ は一致する． □

集合 A の同値関係 $\sim$ による異なる同値類全体の集合を $A/\sim$ で表し，**同値類集合** (set of equivalence classes)，あるいは同値関係 $\sim$ による商集合という．また，A を異なる同値類に分割することにより，A を互いに共通部分のない部分集合に分割することができる．数学には，同値類として定義される対象が数多くある．

例 3.3

整数の集合 $\mathbf{Z}$ において，整数 a, b の差 $a - b$ が 3 の倍数のとき，$a \sim b$ と定義すると同値関係になる．各同値類は 3 で割った余りで定まるので，$\mathbf{Z}/\sim = \{\bar{0}, \bar{1}, \bar{2}\}$ であり，各同値類は表 3.1 のように構成され，$\mathbf{Z} = \bar{0} \cup \bar{1} \cup \bar{2}$ と分割される．

表 3.1 同値類集合

$\bar{0}$	$\cdots, -3, 0, 3, 6, 9, \cdots$
$\bar{1}$	$\cdots, -2, 1, 4, 7, 10, \cdots$
$\bar{2}$	$\cdots, -1, 2, 5, 8, 11, \cdots$

例 3.4

三角形全体の集合を A とするとき，二つの三角形 $\Delta, \Delta' \in$

A が合同であるという関係は同値関係である．

有理数の歴史は古い．大きさの比較をしようとすると自然に比 (ratio) の概念にたどり着き，比を分数で表したと考えられる．語源的には，**有理数**（rational number）は比によって表す数という意味である．分数 1/2 と 2/4 あるいは 3/6 は等しい比（有理数）である．もちろん，

$$\frac{a}{b} = \frac{a'}{b'}$$

は $ab' = ba'$ あるいは $ab' - ba' = 0$ の意味である．厳密に言えば，有理数は整数の組の同値類として定義される．

定義 3.5

有理数の集合 **Q** は集合

$$A = \Big\{(a,b) \mid a \in \mathbf{Z},\ b \in \mathbf{Z} \setminus \{0\}\Big\}$$

の同値類集合 $A/\sim$ である．同値関係 $(a,b) \sim (a',b')$ は $ab' - ba' = 0$ で定義される．このとき，

$$\frac{a}{b} = \{\text{組 } (a,b) \text{ の属する同値類}\}$$

と表示するのである．加法と乗法は次のように定義する．

$$\frac{a}{b} + \frac{c}{d} = \frac{ad+bc}{bd}, \qquad \frac{a}{b}\frac{c}{d} = \frac{ac}{bd}$$

まず，上記の関係が同値関係であることを確認してみよう．反射律，対称律は明らかであるので，推移律を示すために，

$$(a,b) \sim (a',b'), \quad (a',b') \sim (a'',b'')$$

を仮定すると，$(ab'' - ba'')b' = (ab' - ba')b'' + (a'b'' - b'a'')b = 0$ となり，確かに $(a,b) \sim (a'',b'')$ が成立している．

演算が矛盾なく定義されていることを見ておく．いま，$(a,b) \sim (a',b')$ を仮定すると，$ab' - ba' = 0$, $cd' - dc' = 0$ である．加法の定義により，
$$\frac{a}{b} + \frac{c}{d} = \frac{ad+bc}{bd}, \quad \frac{a'}{b'} + \frac{c'}{d'} = \frac{a'd' + b'c'}{b'd'}$$
であり，
$$(ad+bc)(b'd') - (bd)(a'd' + b'c')$$
$$= (ab' - ba')dd' + (cd' - dc')bb' = 0$$
となるので，
$$\frac{a}{b} + \frac{c}{d} = \frac{a'}{b'} + \frac{c'}{d'}$$
が成立する．乗法は
$$\frac{a}{b}\frac{c}{d} = \frac{ac}{bd}, \quad \frac{a'}{b'}\frac{c'}{d'} = \frac{a'c'}{b'd'}$$
である．このとき，
$$acb'd' - bda'c' = (ab' - ba')cd' + (cd' - dc')ba' = 0$$
となり，
$$\frac{a}{b}\frac{c}{d} = \frac{a'}{b'}\frac{c'}{d'}$$
が成立している．

例 3.6

実数の小数表示も同値類集合である．たとえば，1 と循環小数 $0.\dot{9} = 0.999999\cdots$，あるいは 12.34 と循環小数 $12.33\dot{9}$ な

どは，同一の実数と考えなければならない．このことは，$1 = 3 \times 1/3 = 3 \times 0.333\cdots = 0.999\cdots$ などから理解できる．

問題 3.7

$n \times n$ 複素正方行列全体の集合を M とする．二つの行列 $A, B \in M$ が相似であるとは，ある正則行列 $P \in M$ が存在して，$B = P^{-1}AP$ となることをいう．この相似という関係 $\sim$ は同値関係である．このことを示せ．

問題 3.8

$\mathbf{R}[x]$ で実数係数の多項式の集合を表す．$f, g \in \mathbf{R}[x]$ について，$f' = g'$ のとき $f \sim g$ とすれば，関係 $\sim$ は $\mathbf{R}[x]$ の同値関係であることを示せ．

定義 3.9

集合 A と集合 B は，全単射写像 $f : A \to B$ が存在するとき，**対等**（equivalent）であるといい，$A \sim B$ で表す．

例題 3.10

集合においては，対等という関係は同値関係である．このことを証明せよ．

[解] 恒等写像 $\mathrm{id}_A : A \to A$ は全単射写像であるので，$A \sim A$ である．次に，$A \sim B$，すなわち，全単射写像 $f : A \to B$ が存在すれば，逆写像 $f^{-1} : B \to A$ も全単射写像だから，$B \sim A$ である．

最後に，$A \sim B$，$B \sim C$ を仮定する．このとき全単射写像 $f : A \to B$，$g : B \to C$ が存在し，合成写像 $h = g \circ f : A \to C$ は全単射写像であるので（問題 2.18 参照），$A \sim C$ が成立する． □

問題 3.11

集合 A から集合 B への写像 $f : A \to B$ が与えられているとする．集合 A の 2 元 a, b について，$f(a) = f(b)$ のとき，$a \sim b$ と定義すれば，関係 $\sim$ は同値関係になることを示せ．さらに，f が全射であれば，同値類集合 $A/\sim$ と集合 B は対等であることを示せ．

3.2 順序関係

集合 A の関係で，次の条件を満たす関係 $\preceq$ を**順序関係**（order relation）または簡単に**順序**（order）という[3]．順序の定義された集合を**順序集合**（ordered set）という．

(i) $a \preceq a$ （反射律）
(ii) $a \preceq b$ かつ $b \preceq a$ ならば，$a = b$ （反対称律）
(iii) $a \preceq b$, $b \preceq c$ ならば $a \preceq c$ （推移律）

便宜上，$a \preceq b$ であって $a \neq b$ のとき，$a \prec b$ と書くことにする．このとき，$a \preceq b$ は「$a \prec b$ または $a = b$」と同じ意味である．また，$a \preceq b$ ($a \prec b$) を $b \succeq a$ ($b \succ a$) とも書くことにする．A が順序集合であれば，部分集合 $B \subset A$ も同じ順序で順序集合になることは明らかである．

順序集合 A の任意の 2 元 a, b に対して，$a \prec b$, $a = b$, $a \succ b$ のどれか一つが成立するとき，$\preceq$ を**全順序**（total order relation）と呼ぶ．

---
3) 順序を**半順序**（partial order）ということもある．

例 3.12

実数の集合 $\mathbf{R}$ における普通の大小関係 $\leq$ は, 全順序である.

例 3.13

自然数の集合 $\mathbf{N}$ において, a が b の約数であるとき, $a \preceq b$ と定義すると, 全順序でない順序である.

例題 3.14

自然数の集合 $\mathbf{N}$ の部分集合全体の集合において, $A \subset B$ のとき, $A \preceq B$ と定義すると, 順序ではあるが全順序ではない. このことを示せ.

[解] 実際, $A \subset A$ は自明であり, $A \subset B$ かつ $B \subset A$ であれば, $A = B$ である. また, $A \subset B$ かつ $B \subset C$ であれば, $A \subset C$ が成立する. しかし, たとえば $A = \{1\}$, $B = \{2\}$ のとき, $A \not\subset B$ かつ $B \not\subset A$ である. □

定義 3.15

順序集合 A の元 a が A の**最小元**(minimum)であるとは, A のすべての元 x について $a \preceq x$ が成立することをいう.

定義 3.16

順序集合 A の任意の空でない部分集合 B に**極小元**(minimal element) a が存在するとき($x \prec a$ となる元 $x \in B$ は存在しない), A は**極小条件**(minimal condition)を満たすという.

命題 3.17

順序集合 A について, 次は同値である.

(1) A は極小条件を満たす．

(2) A の元の無限列 $\{a_n\}$ で

$$a_1 \succ a_2 \succ a_3 \succ \cdots \succ a_n \succ \cdots$$

となるものは存在しない．

[証明] (1) $\Rightarrow$ (2)　A の元の無限列 $\{a_n\}$ で

$$a_1 \succ a_2 \succ a_3 \succ \cdots \succ a_n \succ \cdots$$

となるものがあったとする．部分集合 $\{a_n\}$ には極小元 a_n が存在する．このとき，$a_n \succ a_{n+1}$ とならないので矛盾である．

(2) $\Rightarrow$ (1)　順序集合 A に極小元を持たないような空でない部分集合 B が存在したと仮定する．$B \neq \emptyset$ だから，ある元 $a_1 \in B$ が存在し，B には極小元がないので，$a_1 \succ a_2$ となる元 $a_2 \in B$ が存在する．同様に，a_2 も極小元ではないので，$a_2 \succ a_3$ となる元 $a_3 \in B$ が存在する．以下同様にして，無限列

$$a_1 \succ a_2 \succ a_3 \succ \cdots \succ a_n \succ \cdots$$

の存在を示すことができる．これは (2) の仮定に反する．□

定義 3.18

全順序集合で極小条件を満たすものを**整列集合**（well ordered set）という．

例 3.19

自然数の集合 $\mathbf{N}$ や非負整数の集合 $\mathbf{N} \cup \{0\}$ は整列集合である．命題 3.17 の (2) の条件が成立するのは明らかである．なお，定理 5.9 で，数学的帰納法による証明を与える．

例題 3.20

ここだけの記号であるが，非負整数の集合 $\mathbf{N} \cup \{0\}$ を $\tilde{N}$ で表すことにする．直積集合 $\tilde{N} \times \tilde{N}$ には次のような全順序がある．いずれの場合にも，$\tilde{N} \times \tilde{N}$ は整列集合になることを示せ．

(1) **辞書式順序**（lexicographic order）
  $(a,b) \prec (a',b')$ を $a < a'$ または $a = a'$，$b < b'$ ということで定義した順序[4]．
(2) **次数付き辞書式順序**（graded lexicographic order）
  $(a,b) \prec (a',b')$ を $a+b < a'+b'$ または $a+b = a'+b'$，$a < a'$ ということで定義した順序．
(3) $(a,b) \prec (a',b')$ を $2^a 3^b < 2^{a'} 3^{b'}$ で定義した順序．

[解] (1)，(2) が全順序であることは明らかである．(3) $2^a 3^b = 2^{a'} 3^{b'}$ であれば，素因数分解の一意性（定理 7.24）により，$a = a'$ および $b = b'$ が保証される．

（整列集合）(2)，(3) の場合，(a,b) を定めると，簡単にわかるように，$\{(s,t) \mid (s,t) \prec (a,b)\}$ は有限集合である．したがって，これらの順序集合は整列集合である．(1) の場合，無限列 $(a_1, b_1) \succ (a_2, b_2) \succ \cdots \succ (a_n, b_n) \succ \cdots$ が存在したとすると，順序の定義により，$a_1 \geq a_2 \geq \cdots \geq a_n \geq \cdots$ となるので，ある N が存在して $n \geq N$ のとき，$a_n = a_N$ が成立する[5]．そうすると，$n \geq N$ については，$b_N \succ b_{N+1} \succ \cdots b_{N+k} \succ \cdots$ でなければならない．これは不可能である．命題 3.17 により極小条件が成立するので，(1) の順序も整列集合を定義している． □

---

[4] たとえば，英語の辞書で "about" と "absent" のどちらが先に並んでいるかというと，最初の "ab" までは同じで，3 番目の "o" と "s" では "o" がアルファベットでは前にあるので，"about" のほうが "absent" より前に並べられている．
[5] $\mathbf{N}$ が整列集合であることによる．

問題 3.21

例題 3.20 (1), (2), (3) のそれぞれの順序により, $(1,5), (5,1),$ $(2,3), (3,2)$ の順序を比較せよ.

A を順序集合, $B \subset A$ を部分集合とする. 元 $a \in A$ が B の **上界** (upper bound) であるとは, B のすべての元 x について, $x \preceq a$ が成立することをいう. 同様に, B のすべての元 x について, $x \succeq a$ が成立するとき, $a \in A$ を B の **下界** (lower bound) という.

部分集合 B に上界 (下界) が存在するとき, B は上に (下に) **有界** (bounded) であるという. 上に有界な部分集合 B の上界の集合に最小元が存在すれば, B の **上限** (supremum) と呼び, $\sup(A)$ で表す. 同様に, 下に有界な部分集合 B の下界の集合に最大元が存在すれば, B の **下限** (infimum) と呼び, $\inf(A)$ で表す.

コラム　多項式の順序

多変数多項式の研究方法に **グレブナ** (Gröbner, 1899–1980) 基底理論があり, 計算機による数式処理の原理として注目を集めている. 単項式全体の集合に順序を付けて一列に並べることから話が始まる. 1 変数多項式の場合, 意味のある順序は

$$1 \prec x \prec x^2 \prec \cdots \prec x^n \prec \cdots$$

に限られる. しかし, 多変数の場合には標準的なものはない. 代表的な順序は, 辞書式順序と次数付き辞書式順序である.

辞書式順序：$x^4 y^3 \succ x^4 y^2 \succ x^3 y^4 \succ x^2 y^6$
次数付き辞書式順序：$x^2 y^6 \succ x^4 y^3 \succ x^3 y^4 \succ x^4 y^2$

例 3.22

有理数の集合 $\mathbf{Q}$ において,
$$A = \left\{ 1 - \frac{1}{n} \,\middle|\, n \in \mathbf{N} \right\}$$
とおくと，明らかに 1 は A の上限である．しかし，部分集合
$$B = \{ x \in \mathbf{Q} \mid x^2 < 2 \}$$
は上に有界であるが，その上限は存在しない．その理由は，$\sqrt{2}$ が有理数でないからである．

微分積分学においては，実数に関する次の定理が基本的である．これは，実数の連続性の一つの表現である．

定理 3.23

実数の集合 $\mathbf{R}$ の部分集合 A が上に有界であれば，A には上限が存在する．

入学試験 ～～～～～～～～～～～～～～ コラム ～

　日常生活にも，順序付けはよく現れる．典型的な例は入学試験である．たとえば，センター試験と個別試験を併用する大学入試の場合，合格者を決定するには，センター試験の点数 a と個別試験の点数 b の組 $(a, b) \in \tilde{\mathbf{N}} \times \tilde{\mathbf{N}}$ に全順序を定めて，一列に並べる必要がある（$\tilde{\mathbf{N}}$ は非負整数の集合）．

第4章

論理と証明

　数学の議論に意味があるのは，正しい論理が用いられたときのみである．では，正しい論理とは何かを一度考えてみよう．一つの主張を命題という．命題が組み合わされた複合命題の真偽を問うのが命題論理である．変数を含む命題の真偽を問うのが述語論理である．

ド・モルガン (de Morgan, 1806-1871)：集合論や論理学で使われるド・モルガンの法則の発案者

4.1 命題論理

　論理（logic）について考えてみる．論理学では式や文章で真（内容が正しい，truth）であるか偽（内容が誤っている，false）であるかが定まっているものを**命題**（proposition）という[1]．真の命題に 1 を，偽の命題に 0 を対応させて，命題の**真理値**（truth value）という．たとえば，「7 は奇数である」は真の命題で，真理値は 1 である．また，「奇数は有限個である」は偽の命題で，真理値は 0 である．

複合命題

　いくつかの命題を組み合わせて命題をつくることができる．二つの命題 P, Q の複合命題を見てみよう．

(1)「P かつ Q」という命題（論理積）を $P \wedge Q$ で表す[2]．もちろん，「P および Q」や「P と Q」も同じ意味の命題である．この命題は P と Q がともに真のときにのみ真である命題である．したがって，$P \wedge Q$ の真理値は表 4.1 のようになる．一般に，このような表を**真理表**（truth table）と呼んでいる．

(2)「P または Q」という命題（論理和）を $P \vee Q$ で表す．日常語と違って，$P \vee Q$ は P, Q のどちらかが一方が真，あるいは P, Q 両方が真のとき，真である命題であり[3]，真理表は表 4.2 のようになる．

---

[1]　数学の記述においては，「命題」は真である命題を意味する．
[2]　英語では "P and Q" である．
[3]　英語では "P or Q" である．日常語では，「P または Q」は通常 P, Q のどちらか一方を意味する．たとえば，「私は明日，日光または伊豆へ行く」という表現は，日光と伊豆の両方へ行くことは想定していない．

表 4.1　P かつ Q

P	Q	$P \wedge Q$
1	1	1
1	0	0
0	1	0
0	0	0

表 4.2　P または Q

P	Q	$P \vee Q$
1	1	1
1	0	1
0	1	1
0	0	0

(3) 「**P ならば Q**」という命題（含意）を $P \Rightarrow Q$ で表す．その真理値は，P が真のときには，Q が真であれば真であり，P が偽のときには，Q の真偽とは無関係に真であると定める[4]．したがって，真理表は表 4.3 のようになる．命題 $P \Rightarrow Q$ が真のとき，Q を P の**必要条件**（necessary condition），P を Q の**十分条件**（sufficient condition）という．

(4) 「**P でない**」という否定命題を $\overline{P}$ で表す[5]．真理表はもちろん表 4.4 のようになる．

(5) 「**P と Q は同値である**」という命題を $P \Leftrightarrow Q$ で表す．これは，P と Q の真理値が一致しているときにのみ真になる命題である（表 4.5）．

論理関数

命題 $P, Q, R, \ldots$ の複合命題は，P, Q, R 等を定義域が $A = \{0, 1\}$ である変数として，真理値を対応させる関数と考えることができる．このような関数を**論理関数**（logic function）という．たとえ

---

[4]　英語では "P implies Q" あるいは，"if P, then Q" という．命題 P が偽のときに $P \Rightarrow Q$ の真理値が 1 になる理由であるが，たとえば，「明日晴れだったら公園に行こう」という約束をしたとき，翌日が雨の場合は，何も決めていないので，どういう行動をとってもよいという理屈である．

[5]　英語ではもちろん "not P" である．記号 $\neg P$ も用いられる．

表 4.3　P ならば Q

P	Q	$P \Rightarrow Q$
1	1	1
1	0	0
0	1	1
0	0	1

表 4.4　P でない

P	$\overline{P}$
1	0
0	1

表 4.5　P と Q は同値である

P	Q	$P \Leftrightarrow Q$
1	1	1
1	0	0
0	1	0
0	0	1

ば，P, Q の複合命題は，$A^2 = A \times A$ から A への関数（写像）であると理解することができる．ちなみに，A^2 から A への関数は $16 = 2^4$ 通り存在する（例題 2.16 参照）．上記の複合命題 $P \wedge Q$, $P \vee Q$, $P \Rightarrow Q$, $P \Leftrightarrow Q$ は代表的な四つの複合命題である．

論理関数に関する等式は，両辺の真理値が等しい，すなわち論理関数として両辺が等しいということを意味する．

例 4.1

次の等式が成立する．証明は容易である．
(1) 交換法則
　　a. $P \vee Q = Q \vee P$
　　b. $P \wedge Q = Q \wedge P$
(2) 結合法則
　　a. $P \vee (Q \vee R) = (P \vee Q) \vee R$
　　b. $P \wedge (Q \wedge R) = (P \wedge Q) \wedge R$

このように，結合法則が成立しているので，$P_1 \vee P_2 \vee \cdots \vee P_r$ や $P_1 \wedge P_2 \wedge \cdots \wedge P_r$ などの表現を用いることができる．

補題 4.2

次の分配法則が成立する.

(1) a. $P \vee (Q \wedge R) = (P \vee Q) \wedge (P \vee R)$
    b. $P \wedge (Q \vee R) = (P \wedge Q) \vee (P \wedge R)$
(2) a. $P \vee (P \wedge Q) = P$
    b. $P \wedge (P \vee Q) = P$

[証明] 真理表によって，(1) を確認しておく（表 4.6, 4.7）. □

命題 4.3

次の等式が成立する.

$$(P \Rightarrow Q) = (\overline{Q} \Rightarrow \overline{P}) = \overline{P} \vee Q$$

[証明] 真理値を比較する（表 4.8）. □

表 4.6 $P \vee (Q \wedge R) = (P \vee Q) \wedge (P \vee R)$

P	Q	R	$Q \wedge R$	$P \vee (Q \wedge R)$	$P \vee Q$	$P \vee R$	$(P \vee Q) \wedge (P \vee R)$
1	1	1	1	1	1	1	1
1	1	0	0	1	1	1	1
1	0	1	0	1	1	1	1
1	0	0	0	1	1	1	1
0	1	1	1	1	1	1	1
0	1	0	0	0	1	0	0
0	0	1	0	0	0	1	0
0	0	0	0	0	0	0	0

表 4.7　$P \wedge (Q \vee R) = (P \wedge Q) \vee (P \wedge R)$

P	Q	R	$Q \vee R$	$P \wedge (Q \vee R)$	$P \wedge Q$	$P \wedge R$	$(P \wedge Q) \vee (P \wedge R)$
1	1	1	1	1	1	1	1
1	1	0	1	1	1	0	1
1	0	1	1	1	0	1	1
1	0	0	0	0	0	0	0
0	1	1	1	0	0	0	0
0	1	0	1	0	0	0	0
0	0	1	1	0	0	0	0
0	0	0	0	0	0	0	0

表 4.8　$P \Rightarrow Q$ と $\overline{P} \vee Q$

P	Q	$P \Rightarrow Q$	$\overline{Q}$	$\overline{P}$	$\overline{Q} \Rightarrow \overline{P}$	$\overline{P} \vee Q$
1	1	1	0	0	1	1
1	0	0	1	0	0	0
0	1	1	0	1	1	1
0	0	1	1	1	1	1

定理 4.4

論理関数に関するド・モルガンの法則が成立する．

(1) $\overline{P \vee Q} = \overline{P} \wedge \overline{Q}$
(2) $\overline{P \wedge Q} = \overline{P} \vee \overline{Q}$

[証明]　真理値を調べて両辺の真理値が等しいことを見る．表 4.9, 4.10 のように，確かに両辺の真理表は一致している． □

表 4.9 $\overline{P \vee Q} = \overline{P} \wedge \overline{Q}$

P	Q	$P \vee Q$	$\overline{P \vee Q}$	$\overline{P}$	$\overline{Q}$	$\overline{P} \wedge \overline{Q}$
1	1	1	0	0	0	0
1	0	1	0	0	1	0
0	1	1	0	1	0	0
0	0	0	1	1	1	1

表 4.10 $\overline{P \wedge Q} = \overline{P} \vee \overline{Q}$

P	Q	$P \wedge Q$	$\overline{P \wedge Q}$	$\overline{P}$	$\overline{Q}$	$\overline{P} \vee \overline{Q}$
1	1	1	0	0	0	0
1	0	0	1	0	1	1
0	1	0	1	1	0	1
0	0	0	1	1	1	1

問題 4.5

二重否定に関する等式

$$\overline{\overline{P}} = P$$

を確認せよ．

問題 4.6

命題 P と命題 Q の複合命題 R で，真理表が表 4.11 のようになるものを構成せよ．

コラム　　ニュアンスの差

二重否定が元と同じ意味であるといっても，多少ニュアンスの違いはある．「私はあなたを好きでないことはない」と言われてもあまり嬉しくないかもしれない．

表 4.11 構成問題

P	Q	R
1	1	0
1	0	1
0	1	1
0	0	0

4.2 述語論理

　数学には**変数を含む命題**[6]もある．変数 x を含む命題を $P(x)$ で表す．ただし，変数 x の定義されている集合（定義域あるいは対象領域）は定まっているとする．変数を含む命題では，変数 x の個々の値について（x に特定の元を代入すると）真偽が確定する．数学の記述で必要になるのは，次のような命題である．

(1) **全称命題**（universal proposition）：すべての x について，$P(x)$ が成立する．
(2) **存在命題**（existential proposition）：ある x が存在して，$P(x)$ が成立する．

全称命題を論理記号では

$$(\forall x)P(x)$$

で表し，存在命題を

---

6) 論理学では述語（predicate）という．

$$(\exists x)P(x)$$

で表す．いま，変数 x の定義域を A とし，

$$B = \{x \in A \mid P(x) \text{ は真}\}$$

と定めると，$(\forall x)P(x)$ は $B = A$ ということであり，$(\exists x)P(x)$ は $B \neq \emptyset$ ということである．

全称命題と存在命題の否定を考えてみよう．まず，否定 $\overline{(\forall x)P(x)}$ は $B = A$ の否定であるので，$B \subsetneq A$ すなわち，$(\exists x)\overline{P(x)}$ と同値である．次に，否定 $\overline{(\exists x)P(x)}$ は $B \neq \emptyset$ の否定 $B = \emptyset$ すなわち，$(\forall x)\overline{P(x)}$ と同値である．

このことを定理として述べておく．

定理 4.7

全称命題と存在命題の否定について，次の関係が成立する．

$$\overline{(\forall x)P(x)} = (\exists x)\overline{P(x)}$$

$$\overline{(\exists x)P(x)} = (\forall x)\overline{P(x)}$$

収束

実数の数列 $\{a_n\}$ が極限 a に収束（convergent）するとはどういうことか，述語論理の立場で考えてみよう．コーシー（Cauchy, 1789-1857）による次の定義は，微分積分学の基礎になっている．

定義 4.8

数列 $\{a_n\}$ が a に収束するとは，任意の正数 ε に対して，自

然数 N が存在して，$n \geq N$ のとき[7]，

$$|a_n - a| < \varepsilon$$

が成立することをいう．また，a を**極限**（limit）という．記号では次のように表す．

$$\lim_{n \to \infty} a_n = a$$

例 4.9

数列 $\{1/n\}$ は 0 に収束する．実際，$\varepsilon > 0$ に対して，N を $N > 1/\varepsilon$ 満たすように定めると，$n \geq N$ のとき，

$$\left|\frac{1}{n} - 0\right| = \frac{1}{n} \leq \frac{1}{N} < \varepsilon$$

が成立する．

例 4.10

数列 $\{1, 0, 1, 0, 1, \ldots\}$ が収束するかどうか，試してみよう．もし，この数列が a に収束したとすると，任意の $\varepsilon > 0$ に対して，$|a| < \varepsilon$ および $|1 - a| < \varepsilon$ でなければならない．これは不可能である．したがって，この数列はどこにも収束しない．

問題 4.11

数列 $\{n/(2n-1)\}$ の極限を求めよ．

---

[7] 同一内容を，「任意の正の数 ε を与えるとき，自然数 N を十分大きく選ぶと，N より大きいすべての n について」と表現することもある．こちらのほうが心理的になじみやすいかもしれない．

論理記号（logic symbol）を用いることにより，数列の極限の定義は次のように表される．

$$(\forall \varepsilon)(\exists N)(\forall n)(n \geq N \Rightarrow |a_n - a| < \varepsilon)^{8)}$$

いま，

$$P(n, N) = (n \geq N), \quad Q(n, \varepsilon) = (|a_n - a| < \varepsilon)$$

とおくと，否定は次のようになる．

$$\overline{(\forall \varepsilon)(\exists N)(\forall n)(P(n,N) \Rightarrow Q(n,\varepsilon))}$$
$$= (\exists \varepsilon)\overline{(\exists N)(\forall n)(P(n,N) \Rightarrow Q(n,\varepsilon))}$$
$$= (\exists \varepsilon)(\forall N)\overline{(\forall n)(P(n,N) \Rightarrow Q(n,\varepsilon))}$$
$$= (\exists \varepsilon)(\forall N)(\exists n)\overline{(P(n,N) \Rightarrow Q(n,\varepsilon))}$$
$$= (\exists \varepsilon)(\forall N)(\exists n)(P(n,N) \wedge \overline{Q(n,\varepsilon)})$$

このことを言葉で表現すると，「ある正数 ε が存在して，どんな自然数 N に対しても，$n \geq N$ かつ $|a_n - a| \geq \varepsilon$ となる n が存在する」のようになる．

コラム　　同値な言い回し

たとえば，「欠点のない人はいない」を考えてみよう．これは，「すべての人には欠点がある」という意味であり，変数 x が人間の集合を定義域とし，$P(x)$ で「x には欠点がある」という命題を表すことにすると，命題 $\overline{(\forall x)\overline{P(x)}}$ である．このとき，元の表現は，同値な命題 $(\exists x)\overline{P(x)}$ である．

---

8) 記号 $\forall$ や $\exists$ を論理記号としてではなく，all と exists の簡略化した記号として用いる場合には，次のように，$(\forall n)$ を省略して書くこともある．

$$\forall_{\varepsilon > 0} \quad \exists_N \quad n \geq N \Rightarrow |a_n - a| < \varepsilon$$

連続関数

定義 4.12

集合 $D \subset \mathbf{R}$ 上の実関数 $f(x)$ が点 $a \in D$ で連続であるとは，任意の正数 ε に対して，正数 δ が存在して，$x \in D$ について，$|x - a| < \delta$ であれば

$$|f(x) - f(a)| < \varepsilon$$

が成立することをいう．

このことを論理記号で表すと次のようになる．

$(\forall \varepsilon > 0)\ (\exists \delta > 0)\ (\forall x \in D)\quad (|x - a| < \delta \Rightarrow |f(x) - f(a)| < \varepsilon)$

この場合，否定は次のようになる．

$(\exists \varepsilon > 0)\ (\forall \delta > 0)\ (\exists x \in D)\quad ((|x - a| < \delta) \wedge (|f(x) - f(a)| \geq \varepsilon))$

言葉で表現すれば，「ある正数 ε が存在して，どんな正数 δ をとっても，$|x - a| < \delta$ かつ $|f(x) - f(a)| \geq \varepsilon$ となる $x \in D$ が存在する」であろうか．

問題 4.13

変数を含む命題の等式

$$\overline{(\forall x)(P(x) \Rightarrow Q)} = (\exists x)(P(x) \wedge \overline{Q})$$

を証明せよ．次に，「x は大学生である」を $P(x)$，「英語が得意である」を Q とするとき，上の命題の内容を通常の文で表せ．

1次独立

定義 4.14

実ベクトル空間 V のベクトル $\mathbf{a}_1, \ldots, \mathbf{a}_r$ が **1次独立** (linearly independent) であるとは，任意の実数 $c_1, \ldots, c_r$ に対して，$c_1 \mathbf{a}_1 + \cdots + c_r \mathbf{a}_r = \mathbf{0}$ ならば，$c_1 = \cdots = c_r = 0$ が成立することをいう．

この定義の内容を論理記号で表してみよう．

$$\bigl(\forall (c_1, \ldots, c_r)\bigr) \left(\sum_{i=1}^{r} c_i \mathbf{a}_i = \mathbf{0} \Rightarrow (c_1, \ldots, c_r) = (0, \ldots, 0) \right)$$

その否定は次のようになる．

$$\bigl(\exists (c_1, \ldots, c_r)\bigr) \overline{\left(\sum c_i \mathbf{a}_i = \mathbf{0} \Rightarrow (c_1, \ldots, c_r) = (0, \ldots, 0) \right)}$$
$$= \bigl(\exists (c_1, \ldots, c_r)\bigr) \left(\sum c_i \mathbf{a}_i = \mathbf{0} \right) \wedge \overline{\bigl((c_1, \ldots, c_r) = (0, \ldots, 0)\bigr)}$$
$$= \bigl(\exists (c_1, \ldots, c_r)\bigr) \left(\sum c_i \mathbf{a}_i = \mathbf{0} \right) \wedge (c_1, \ldots, c_r) \neq (0, \ldots, 0)$$

したがって，ベクトル $\mathbf{a}_1, \ldots, \mathbf{a}_r$ が1次独立でないということは，「次の二つの条件を満たす実数 $c_1, \ldots, c_r$ が存在する．(i) $\sum_{i=1}^{r} c_i \mathbf{a}_i = \mathbf{0}$, (ii) $(c_1, \ldots, c_r) \neq (0, \ldots, 0)$」ということになる．これは，ベクトル $\mathbf{a}_1, \ldots, \mathbf{a}_r$ が **1次従属** (linearly dependent) であるということである．

4.3 証明法

直接証明

命題 $P \Rightarrow Q$ が正しいことを証明するのに，確立された事実（定理，補題等）を用いて，命題 P から命題 Q を直接示す証明を**直接証明**（direct proof）という．実際の証明では，中間に命題 R をはさんで，命題 $P \Rightarrow R$ と命題 $R \Rightarrow Q$ を証明するなどのプロセスが必要になることもある．

例題 4.15

整数 n が 3 の倍数でないとすれば，n^2 も 3 の倍数でないことを証明せよ．

[解] 整数 n を 3 で割った商を k，余りを r とすると，$n = 3k + r$ と表される．もし，n が 3 の倍数でなければ，r は 1 か 2 である．
(i) $r = 1$ の場合，$n^2 = 3(3k^2 + 2k) + 1$ となるので，n^2 は 3 の倍数ではない．
(ii) $r = 2$ の場合，$n^2 = 3(3k^2 + 4k + 1) + 1$ となり，n^2 は 3 の倍数ではない．

□

間接証明

直接証明でない証明は，**間接証明**（indirect proof）と呼ばれる．いろいろな間接証明がある．

対偶法 命題 $P \Rightarrow Q$ が正しいことを証明する代わりに，対偶 (contraposition) $\overline{Q} \Rightarrow \overline{P}$ が正しいことを証明してもよい．論理等式

$$(P \Rightarrow Q) = (\overline{Q} \Rightarrow \overline{P})$$

があるので（命題 4.3），命題 $P \Rightarrow Q$ と命題 $\overline{Q} \Rightarrow \overline{P}$ の真偽が一致するからである[9]．

例題 4.16

整数 n について，n^2 が 3 の倍数であるならば，n は 3 の倍数であることを示せ．

[解] この対偶「n が 3 の倍数でないとき，n^2 は 3 の倍数でない」は例題 4.15 で証明されている． □

背理法（proof by contradiction） これも間接証明である．命題 P を証明する場合，否定命題 $\overline{P}$ を仮定すると矛盾が生じることを示して，P を証明するという方法である．これは，P と $\overline{P}$ の真理値が反対であることを根拠にしている．

例題 4.17

$\sqrt{3}$ は無理数であることを示せ．

[解] $\sqrt{3}$ が有理数 a/b に等しいとする．このとき，a, b は互いに素であると仮定してよい．等式 $3b^2 = a^2$ が成立する．よって，a^2 は 3 の倍数である．したがって，例題 4.16 により，a も 3 の倍数であり，$a = 3a'$ とおくと $b^2 = 3a'^2$ となり，b も 3 の倍数である．

---

[9] 命題 $Q \Rightarrow P$ を命題 $P \Rightarrow Q$ の逆（converse）の命題という．逆の命題の真偽は元の命題の真偽と一致するとは限らない．

このことは a, b が互いに素であったことに矛盾するので，背理法により，$\sqrt{3}$ は無理数でなければならない．　□

次も背理法の一種である．

例題 4.18

命題 $P \Rightarrow Q$ を証明するには，命題 $P \wedge \overline{Q}$ が偽であることを示せばよい．このことを示せ．

[解]　命題 4.3 により，
$$\overline{P \Rightarrow Q} = \overline{\overline{P} \vee Q} = P \wedge \overline{Q}$$
となる．したがって，$P \wedge \overline{Q}$ が偽であれば，$P \Rightarrow Q$ は真である．
　□

反例法　ある命題が偽であることを証明するには，反例（counter example）を一つ挙げれば十分である．

例 4.19

命題「自然数 n について，$n^2 - 3 > 0$ である」は正しいか．$n = 1$ が反例になるので，この命題は偽である．

その他の間接証明　間接証明には，第 5 章で詳しく述べる数学的帰納法や鳩の巣原理による証明なども含まれる．数学的帰納法と同等な整列集合の原理による証明や，無限降下法と呼ばれる証明もある．

第5章

数学的帰納法

　一度は数学的帰納法の仕組みを整理しておくとよい．数学的帰納法にもいろいろなバリエーションがあるので，使い方に慣れる必要がある．数学的帰納法と同値な証明原理に整列集合の原理があり，これも意外によく使われている．

　「$n+1$ 羽の鳩が n 個の巣に戻ろうとすれば，必ずある巣には 2 羽以上の鳩が戻らなければならない」という鳩の巣原理がある．このことは当たり前に思えるが，きちんと証明するには，数学的帰納法が必要になる．

123 ⋯ n ⋯

5.1 数学的帰納法のいろいろ

数学的帰納法（mathematical induction）の原理を述べる．

数学的帰納法（基本型）
数学的帰納法の基本型を復習しておく．

> 数学的帰納法（基本型）
> すべての自然数 n について，命題 $P(n)$ を証明するには
> (I) $P(1)$ は正しい．
> (II) 自然数 k について，命題 $P(k)$ が正しいと仮定すれば，命題 $P(k+1)$ も正しい．
> という二つのことを証明すればよい．

実際，性質 (I) (II) が成立していれば，$(n-1)$ 回のステップで，$P(n)$ が正しいと推論できる．たとえば，$P(4)$ が正しいことは次のようにしてわかる．

- $P(1)$ が正しいので，(II) により ($k=1$)，$P(2)$ が正しい．
- $P(2)$ が正しいので，(II) により ($k=2$)，$P(3)$ が正しい．
- $P(3)$ が正しいので，(II) により ($k=3$)，$P(4)$ が正しい．

この証明法の厳密な根拠は，自然数がこのような性質を有しているからというほかない．ペアノ（Peano, 1858-1932）による自然数

の公理[1]には，この性質が含まれている．

数学的帰納法の性質 (II) で仮定した「$P(k)$ が正しい」を帰納法の仮定 (inductive hypothesis) という．また，(II) は次のようにすることもある．

(II)′ 2 以上の自然数 n について，$P(n-1)$ が正しいと仮定すれば，$P(n)$ も正しい．

例題 5.1

すべての自然数 n について，等式
$$1^3 + 2^3 + \cdots + n^3 = (1 + 2 + \cdots + n)^2$$
を証明せよ．

[解] 等式 $1^3 + 2^3 + \cdots + n^3 = (1 + 2 + \cdots + n)^2$ を命題 $P(n)$ とする．

(I) 明らかに，$P(1)$ は正しい．

(II) $P(k)$ が正しいことを仮定する．すなわち，$1^3 + 2^3 + \cdots + k^3 = (1 + 2 + \cdots + k)^2$ を仮定する．両辺に $(k+1)^3$ を加えると，
$$1^3 + 2^3 + \cdots + k^3 + (k+1)^3 = (1 + 2 + \cdots + k)^2 + (k+1)^3$$
となる．一方，$P(k+1)$ の右辺は

---

[1] ペアノによる自然数の公理は，次のようなものである．
  (i) $1 \in \mathbf{N}$.
  (ii) $n \in \mathbf{N}$ には次の数と呼ばれる $n' \in \mathbf{N}$ が存在する．
  (iii) $n \neq m$ のとき，$n' \neq m'$ である．
  (iv) 1 はどの $n \in \mathbf{N}$ の次の数でもない．
  (v) $\mathbf{N}$ の部分集合 A について，次の二つの条件を満たせば，$A = \mathbf{N}$ である．
    (1) $1 \in A$, (2) $n \in A$ のとき $n' \in A$.

$$(1+2+\cdots+k+(k+1))^2$$
$$= (1+2+\cdots+k)^2 + 2(1+2+\cdots+k)(k+1) + (k+1)^2$$
$$= (1+2+\cdots+k)^2 + (k+1)\{2(1+2+\cdots+k) + (k+1)\}$$
$$= (1+2+\cdots+k)^2 + (k+1)^3$$

と計算されるので，$P(k+1)$ も正しい． □

問題 5.2

すべての自然数 n について，$\{n, n+1, \ldots, 2n\}$ の中に必ず平方数（ある自然数の 2 乗になる数）があることを示せ．

数学的帰納法（変化型）

数学的帰納法にはいろいろなバリエーション（変化型）がある．

数学的帰納法（変化型 1）

　すべての自然数 $n \geq n_0$ について，命題 $P(n)$ を証明するには

(I) $P(n_0)$ は正しい．

(II) 自然数 $k \geq n_0$ について，$P(k)$ が正しいと仮定すれば，$P(k+1)$ も正しい．

という二つのことを証明すればよい．

例題 5.3

n が 9 以上の自然数のとき，不等式 $2^n > (2n+1)^2$ を示せ．

[解] (I) $n=9$ のとき，$2^9 = 512 > 361 = 19^2$ である．
(II) $k \geq 9$ のとき，不等式 $2^k > (2k+1)^2$ を仮定すると，$2^{k+1} > 2(2k+1)^2$ であり，

$$2(2k+1)^2 - \{2(k+1)+1\}^2 = (2k-1)^2 - 8 > 0$$

となるので，不等式 $2^{k+1} > (2(k+1)+1)^2$ が成立する．
□

問題 5.4

x を正数とする．任意の自然数 $n \geq 2$ に対して，不等式 $(1+x)^n > 1 + nx$ を証明せよ．

数学的帰納法（変化型 2）

すべての自然数 $n \geq n_0$ について，命題 $P(n)$ を証明するには

(I) $P(n_0)$ は正しい．
(II) 自然数 $k \geq n_0$ について，$P(n_0), \ldots, P(k)$ が正しいと仮定すれば，$P(k+1)$ も正しい．

という二つのことを証明すればよい．

[証明] 「$P(n_0), \ldots, P(n)$ が正しい」という命題を $Q(n)$ とする．性質 (I) があるので，$Q(n_0)$ は正しい．$k \geq n_0$ のとき，$Q(k)$ が正しいとすれば，性質 (II) により $Q(k+1)$ も正しい．したがって，数学的帰納法（変化型 1）を命題 $Q(n)$ に適用して，すべての $n \geq n_0$ について，$Q(n)$ が正しいと言えるので，$P(n)$ も正しい．
□

しばしば，(II) は次のように述べられる．

(II)′ 自然数 $n > n_0$ について，$P(n_0), \ldots, P(n-1)$ が正しいと仮定すれば，$P(n)$ も正しい．

素因数分解（prime factorization）の存在を証明してみよう（素数は第 7 章で詳述する）．

定理 5.5

すべての自然数 $n \geq 2$ は，有限個の素数の積に分解できる．

[証明] $n_0 = 2$ として，数学的帰納法（変化型 2）を用いる．
(I) $n = 2$ は素数であるから，そのままでよい．
(II) $n > 2$ として，n 未満の自然数（≥ 2）は有限個の素数の積に分解できることを仮定する．もし，n が素数であれば，そのままでよいので，n は合成数であって，$n = ab$（$1 < a < n$, $1 < b < n$）となる a, b が存在するとしてよい．このとき，帰納法の仮定により，a, b はそれぞれ有限個の素数の積に分解できるので，その積を考えれば，n も有限個の素数の積である．
□

数学的帰納法（変化型 3）

　すべての自然数 $n \geq n_0$ について，命題 $P(n)$ を証明するには，自然数 $n_1 \geq n_0$ をとり，
(I) $P(n_0), \ldots, P(n_1)$ は正しい．
(II) 自然数 $k \geq n_1$ について，$P(n_0), \ldots, P(k)$ が正しいと仮定すれば，$P(k+1)$ も正しい．

という二つのことを証明すればよい.

[証明] 「$P(n_0), \ldots, P(n)$ が正しい」という命題を $Q(n)$ とする. 性質 (I) があるので, $Q(n_1)$ は正しい. $k \geq n_1$ のとき, $Q(k)$ が正しいとすれば, 性質 (II) により $Q(k+1)$ も正しい. したがって, 数学的帰納法(変化型1)を命題 $Q(n)$ に適用して, $n \geq n_1$ について, $Q(n)$ が正しいとわかる. その結果, すべての $n \geq n_0$ について, $P(n)$ は正しい. □

例題 5.6
　28 以上の自然数 n について, $n = 5x + 8y$ となる非負整数 x, y が存在することを示せ.

[解] 命題 $P(n)$ を,「$n = 5x + 8y$ と表される非負整数 x, y が存在する」とする. 数学的帰納法(変化型3)を $n_0 = 28$, $n_1 = 32$ の場合に適用する.
(I) まず, $28 = 5 \cdot 4 + 8 \cdot 1$ だから, $P(28)$ は正しい. 同様に,

$$29 = 5 \cdot 1 + 8 \cdot 3,\ 30 = 5 \cdot 6,\ 31 = 5 \cdot 3 + 8 \cdot 2,\ 32 = 8 \cdot 4$$

コラム　　切手問題

$n \geq 28$ であれば, 50 円切手と 80 円切手を用いて, $10 \times n$ 円の切手にすることができる. たとえば,

$$490 \text{円} = 50 \text{円} \times 5 + 80 \text{円} \times 3$$

である. しかし, どう組み合わせても, 270 円にすることはできない.

だから，$P(29), P(30), P(31), P(32)$ も正しい．
(II) $k \geq 32$ について，(II) の仮定から $P(k-4)$ も正しい．このとき，$k+1 = 5 + (k-4)$ となるので，$P(k+1)$ も正しい．

□

問題 5.7
1 と 2 が並んだ n 個の数字の列で，2 が隣り合わないものの個数を a_n とする．このとき，

$$a_n = a_{n-1} + a_{n-2} \quad (n \geq 3)$$
$$a_n = \frac{1}{\sqrt{5}} \left\{ \left(\frac{1+\sqrt{5}}{2}\right)^{n+2} - \left(\frac{1-\sqrt{5}}{2}\right)^{n+2} \right\}$$

が成立することを示せ．

注意 5.8 通常，数学書では「帰納法」は「数学的帰納法」を意味する．本書でも，今後は単に「帰納法」と呼ぶこともある．

5.2 整列集合

数学的帰納法の原理を次のように述べることもできる．

定理 5.9
自然数の集合 **N** は**整列集合**[2]である（例 3.19 参照）．

---
[2] すなわち，**N** の任意の空でない部分集合には最小の自然数が存在する（定義 3.18）．

[証明] 背理法で証明する．$A \subset \mathbf{N}$ を部分集合とし，A に最小の自然数が存在しないと仮定する．いま，A の補集合 A^c を B で表し，$B = \mathbf{N}$ であることを数学的帰納法（変化型 2）で証明する．

(I) まず，A には最小の自然数が存在しないので，$1 \notin A$ すなわち $1 \in B$ である．

(II) 自然数 $n \geq 2$ に対し，$i < n$ のとき $i \in B$ すなわち $i \notin A$ を仮定する．このとき，$n \in A$ であれば n が A で最小になるので，$n \notin A$ すなわち $n \in B$ である．したがって，帰納法により，すべての自然数 n について $n \in B$ が成立する． □

注意 5.10 逆に，自然数のこの性質により，命題 $P(n)$ に関する数学的帰納法（基本型）の原理を示すことができる．このため，

$$A = \{i \in \mathbf{N} \mid P(i) \text{ は正しくない}\}$$

とおき，$A \neq \emptyset$ として矛盾を導く．まず，性質 (I) により，$1 \notin A$ である．定理 5.9 を仮定すると，集合 A には最小の自然数 $r > 1$ が存在する．このとき $r - 1 \notin A$ であり，$P(r-1)$ は正しい，性質 (II) により $P(r)$ も正しいので，$r \notin A$ となり，矛盾である．

自然数の素因数分解の存在証明（定理 5.5）を，自然数が整列集合であるという原理で述べてみる．

[定理 5.5 の整列集合の原理による証明] 素数の積に分解されない 2 以上の自然数があると仮定し，その中で最小のものを n とする（整列集合の原理）．n は素数ではないので，$n = ab$ $(1 < a < n, 1 < b < n)$ となるような a, b が存在する．このとき，n のとり方から，a, b は素数の積に分解される．その結果，n も素数の積に分解され，仮定に反する． □

整列集合の性質（命題 3.17）を用いると，この証明は次のように述べることもできる．この証明法を**無限降下法**という．

[定理 5.5 の無限降下法による証明] n を 2 以上の自然数とする．n が素数のときは何もすることはない．n が合成数のとき，n の最小の因数（≥ 2）を p_1 とすれば，p_1 は素数である．そこで，$n = p_1 n_1$ とする．n_1 が素数のとき，n は素数の積である．n_1 が合成数であれば，ふたたび $n_1 = p_2 n_2$ となる素数 p_2 がある．この操作を続けることにより，自然数の列 $n > n_1 > n_2 > \cdots > 1$ が得られる．したがって，有限回の操作の後，n_{k-1} は素数 p_k になり，$n = p_1 \cdots p_k$ と素数の積に分解される． □

5.3 鳩の巣原理

鳩の巣原理（pigeonhole principle）と呼ばれる数学原理は，$n+1$ 羽の鳩が n 個の巣に戻ろうとすれば，必ずある巣には 2 羽以上の鳩が戻らなければならないというものである．ディリクレ（Dirichlet, 1805-1859）の**部屋割り論法**，あるいは引き出し論法とも呼ばれる．$n+1$ 人が n 室に入ろうとすれば，必ずある部屋には 2 人以上が入らなければならない．この原理を証明するには，有限集合の個数の定義が必要になり，数学的帰納法が威力を発揮する．

有限集合の元の個数は，厳密には次のようにして定義される．

定義 5.11

集合 A の個数 $|A|$ が n であるとは，A が自然数の集合 $\{1, 2, \ldots, n\}$ に対等（定義 3.9 参照）であることをいう．

この定義が意味を持つためには，$n \neq m$ のとき，$\{1, 2, \ldots, n\}$ と $\{1, 2, \ldots, m\}$ が対等ではないことを確認する必要がある．この

疑いようのない事実は，帰納法によって証明することができる．

次の定理は「鳩の巣原理」を言い換えたものである．

定理 5.12 鳩の巣原理

$m > n$ のとき，$\{1,\ldots,m\}$ から $\{1,\ldots,n\}$ への単射写像は存在しない．

[証明] n に関する帰納法で証明する．

(I) $n = 1$ のときは明らかである．

(II) そこで，$n = k$ のとき，どの $m > k$ についても $\{1,\ldots,m\}$ から $\{1,\ldots,k\}$ への単射写像は存在しないことを仮定する．このとき，$l > k+1$ を満たす l について，単射写像

$$f : \{1,\ldots,l\} \to \{1,\ldots,k+1\}$$

が存在したとして矛盾を導く．もし $f(l) = k+1$ であれば，$m = l-1 > k$ で，$f : \{1,\ldots,m\} \to \{1,\ldots,k\}$ も単射写像で，帰納法の仮定に反する．次に，$f(l) = k' \neq k+1$ とする．

場合 1　$k+1 \in \mathrm{Im}(f)$．このとき，$f(l') = k+1$ となる $l' \neq l$ が存在する．そこで，写像 $g : \{1,\ldots,l\} \to \{1,\ldots,k+1\}$ を

$$g(j) = \begin{cases} f(j) & j \neq l', l \text{ のとき} \\ k' & j = l' \text{ のとき} \\ k+1 & j = l \text{ のとき} \end{cases}$$

で定義すれば，g も単射写像で，$g(l) = k+1$ である．し

たがって，最初の議論により，帰納法の仮定に反する．

場合 2 $k+1 \notin \text{Im}(f)$. このときは，$l > k+1 > k$ で

$$f : \{1, \ldots, l\} \to \{1, \ldots, k\}$$

が単射写像になるので，帰納法の仮定に反する．

□

例題 5.13

1 辺が 40 cm の立方体の金魚鉢に 9 匹の金魚を入れた．このとき，互いの距離が $20\sqrt{3}$ cm 以下になるような 2 匹の金魚の組が必ず存在することを示せ．

[解] 立方体の各辺を 2 等分して，1 辺が 20 cm の立方体 8 個に分割する．この立方体の対角線の長さは $20\sqrt{3}$ cm である．定理 5.12 により，必ず 2 匹以上の金魚がどれかの小立方体に入るので，そこでは互いの距離は $20\sqrt{3}$ cm 以下である．

□

問題 5.14

縦横 $n \times n$ の碁盤を考える（図 5-1）．

(1) $n+1$ 個の黒石を置くとき，2 個以上並ぶ行（横の線）と 2 個以上並ぶ列（縦の線）があることを示せ．

(2) $2n+1$ 個の黒石を置くとき，3 個以上並ぶ行（横の線）と 3 個以上並ぶ列（縦の線）があることを示せ．

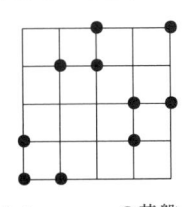

図 5-1 $n \times n$ の碁盤

定理 5.15

$m < n$ のとき，$\{1,\ldots,m\}$ から $\{1,\ldots,n\}$ への全射写像は存在しない．

[証明] 全射写像 $f : \{1,\ldots,m\} \to \{1,\ldots,n\}$ が存在したとする．各 $j \in \{1,\ldots,n\}$ について，$i_j \in f^{-1}(j)$ を一つずつ選び，写像

$$g : \{1,\ldots,n\} \ni j \mapsto i_j \in \{1,\ldots,m\}$$

を定義すれば，$f(g(j)) = j$ であるので g は単射写像である．したがって，定理 5.12 により $m \geq n$ が成立する． □

系 5.16

$\{1,\ldots,m\}$ と $\{1,\ldots,n\}$ が対等である必要十分条件は，$m = n$ が成立することである．

[証明] 全単射写像 $f : \{1,\ldots,m\} \to \{1,\ldots,n\}$ が存在すれば，定理 5.12 により $m \leq n$ となり，定理 5.15 により $m \geq n$ となる．したがって，$m = n$ が成立する． □

例題 5.17

$\{1,\ldots,n\}$ から自分自身への単射写像は，同時に全単射写像であることを証明せよ．

[解] 全射ではない単射写像 $f : \{1,\ldots,n\} \to \{1,\ldots,n\}$ が存在したとする．$n \notin \mathrm{Im}(f)$ であれば，$f : \{1,\ldots,n\} \to \{1,\ldots,n-1\}$ も単射写像であり，定理 5.12 に矛盾する．また，$n \in \mathrm{Im}(f)$ であれば，$f(k) = n$ となる k と $l \notin \mathrm{Im}(f)$ となる $l \neq n$ が存在する．このとき，写像

$$g(j) = \begin{cases} l & j = k \text{ のとき} \\ f(j) & j \neq k \text{ のとき} \end{cases}$$

は，$\{1,\ldots,n\}$ から $\{1,\ldots,n-1\}$ への単射写像となり，定理 5.12 に矛盾する． □

例題 5.18

有限集合 A の任意の元 a_0 をとり，$A' = A \setminus \{a_0\}$ とおけば，$|A'| = |A| - 1$ であることを示せ．

[解] $n = |A|$ とすると，全単射写像 $f: A \to \{1,\ldots,n\}$ が存在する．いま，$k = f(a_0)$ として，写像 $g: A' \to \{1,\ldots,n-1\}$ を

$$g(a) = \begin{cases} f(a) & f(a) < k \text{ のとき} \\ f(a) - 1 & f(a) > k \text{ のとき} \end{cases}$$

で定義すると，g は全単射写像であり，$|A'| = n - 1$ がわかる． □

以上の考察から，有限集合の基本定理を示すことができる．

定理 5.19　有限集合の基本定理

A, B を有限集合とする．

(1) $|A| = |B| \Leftrightarrow A$ と B は対等である．
(2) $|A| \leq |B| \Leftrightarrow A$ から B への単射写像が存在する．
(3) $|A| \geq |B| \Leftrightarrow A$ から B への全射写像が存在する．
(4) $|A| = |B|$ のとき，A から B への単射写像は全単射写像である．

[証明] $|A| = m$, $|B| = n$ とすれば, 全単射写像

$$\varphi : A \to \{1, \ldots, m\} \quad \text{および} \quad \psi : B \to \{1, \ldots, n\}$$

が存在する.

(1) $m = n$ であれば, $\psi^{-1} \circ \varphi : A \to B$ は全単射写像であり, A と B は対等である. 逆に, A と B が対等であれば, 全単射写像 $f : A \to B$ が存在する. このとき,

$$\psi \circ f \circ \varphi^{-1} : \{1, \ldots, m\} \to \{1, \ldots, n\}$$

は全単射写像になる. 定理 5.12 により, $m = n$ がわかる.

(2), (3) (以下, 括弧内に (3) の証明を併記する) $m \leq n$ ($m \geq n$) のとき, 単射写像 (全射写像)

$$g : \{1, \ldots, m\} \to \{1, \ldots, n\}$$

が存在する. このとき, $\psi^{-1} \circ g \circ \varphi : A \to B$ も単射写像 (全射写像) である. 逆に, 単射写像 (全射写像) $f : A \to B$ が存在すれば,

$$\psi \circ f \circ \varphi^{-1} : \{1, \ldots, m\} \to \{1, \ldots, n\}$$

も単射写像 (全射写像) である. 定理 5.12 (定理 5.15) により, 不等式 $m \leq n$ ($m \geq n$) がわかる.

(4) $f : A \to B$ を単射写像とすれば, $\psi \circ f \circ \varphi^{-1}$ も単射写像であ

❦❦❦ コラム ❦❦❦❦❦❦❦❦❦❦❦❦❦❦❦❦❦❦❦❦❦❦❦❦ 無限集合

無限集合については, 系 5.20 のようなことは成立しない. たとえば, $A = \{2, 3, 4, \ldots, \}$ とすると $A \subsetneq \mathbf{N}$ ではあるが, 全単射写像 $A \ni j \mapsto j - 1 \in \mathbf{N}$ が存在するので, A と自然数の集合 $\mathbf{N}$ は対等である.

り，例題 5.17 により全射写像になる．よって，f も全射写像である．

□

系 5.20

有限集合 A, B について，$A \subsetneq B$ であれば，A と B は対等ではない．

[証明] A と B が対等であれば，定理 5.19 (1) により $|A| = |B|$ である．このとき，定理 5.19 (4) により包含写像 $A \to B$ は全単射写像である． □

第6章

数える

　順列の数，組合せの数，重複組合せの数など，物の数を数えることは数学的好奇心の原点である．二項定理によれば，べき乗 $(x+y)^n$ における $x^{n-r}y^r$ の項の係数は n 個の物から r 個をとる組合せの数に一致する．包含と排除の原理というのは，重なりのある和集合の個数を重複なく正しく数えるための原理である．

パスカル (Pascal, 1623-1662)：パスカルの三角形，円錐曲線に関するパスカルの定理，流体に関するパスカルの原理などが有名．

6.1 組合せの数

異なる n 個の物を一列に並べる順列 (permutation) の個数は, よく知られているように,

$$n! = n(n-1)\cdots 2\cdot 1$$

である．証明を思い出してみよう．列の一番左は n 個の物の中から選ぶことができ，2 番目は最初の物以外の $n-1$ 個の物の中から選ぶことができ，以下同様に続けて，k 番目は $n-k+1$ 個の物の中から選ぶことができる．したがって，順列の数はその積 $n(n-1)\cdots 1$ になるということであった．

例題 6.1

$\{1,\ldots,n\}$ から $\{1,\ldots,n\}$ 自身への全単射写像全体の集合を S_n で表すとき，$|S_n|=n!$ となることを示せ．

[解] S_n の元 σ は各 i の像 $j_i = \sigma(i)$ で定まるので，

$$S_n \ni \sigma \mapsto j_1 j_2 \cdots j_n \in \{n \text{ 個の数字の順列全体の集合}\}$$

は全単射写像である[1]．したがって，$|S_n| = n!$ がわかる． □

問題 6.2

異なる n 個の物を円周上に並べる円順序の個数は $(n-1)!$ であることを示せ．

---
1) 通常，この σ を次の記号で表す．
$$\begin{pmatrix} 1 & 2 & \cdots & n \\ j_1 & j_2 & \cdots & j_n \end{pmatrix}$$

次に，異なる n 個の物から r 個をとる**組合せ**（combination）の数 $_nC_r$ を考えてみよう．本書では $_nC_r$ ではなく，

$$\binom{n}{r}$$

という記号[2]を用いる．ところで，$\{1,\ldots,n\}$ から r 個をとって，小さい順に並べた集合を

$$C(n,r) = \{(i_1,\ldots,i_r) \mid 1 \leq i_1 < \cdots < i_r \leq n\}$$

とすると，$\binom{n}{r} = |C(n,r)|$ となることを注意しておく．

命題 6.3

$$\binom{n}{r} = \frac{n(n-1)\cdots(n-r+1)}{r!} = \frac{n!}{(n-r)!r!}$$

[証明] n 個の物から r 個をとって一列に並べる順列の個数を 2 通りの方法で数える．まず，順列を求めたのと同様に数えれば，

$$n(n-1)\cdots(n-r+1)$$

である．また，n 個の物から r 個を選んで一列に並べると考えれば，それぞれについて並べる方法は $r!$ 通りあるので，求める順列の数は $\binom{n}{r}r!$ になる．これらが等しいことから，求める公式が得られる． □

---

[2] 英語の読みは "n choose r" だそうである．

例題 6.4

次の等式を示せ.

(1) $\binom{n}{r} = \binom{n}{n-r}$

(2) $\binom{n}{r} = \binom{n-1}{r} + \binom{n-1}{r-1}$

[解] (1) 容易.

(2) $\{1,\ldots,n\}$ の中から r 個をとるとき, n が入っている場合の組合せの数は, $\{1,\ldots,n-1\}$ の中から $r-1$ 個をとる組合せの数に等しく, n が入らない場合の組合せの数は, $\{1,\ldots,n-1\}$ の中から r 個をとる組合せの数に等しい. 両方の個数を合計すればよい. □

例題 6.5

1 次方程式

$$x_1 + \cdots + x_r = n$$

の自然数解の個数を求めよ.

[解] n 個の ○ を一列に並べ, $r-1$ 個の切れ目を入れて r 個に分割することを考える. このような分割と問題の 1 次方程式の自然数解は 1 対 1 に対応する. たとえば,

○|○|○○

は $1+1+2=4$ に対応する. 切れ目が入る場所は $n-1$ 個あるので, このような分割の個数は

$$\binom{n-1}{r-1}$$

である。 □

問題 6.6

n が自然数のとき，$\binom{2n}{n}$ は $n+1$ の倍数であることを示せ[3]．

問題 6.7

p が素数のとき，$0 < r < p$ であれば，$\binom{p}{r}$ は p の倍数であることを示せ．

重複組合せの数

次に，n 個の物から重複を許して r 個をとる組合せの数について考えてみよう．この数を**重複組合せ**（repeated combination）の個数といい，$_nH_r$ で表す．

命題 6.8

次の等式が成立する．

$$_nH_r = \binom{n+r-1}{r} = \frac{n(n+1)\cdots(n+r-1)}{r!}$$

[証明] $\{1,\ldots,n\}$ から重複を許して r 個をとった数字を小さい順に並べた数字の組の集合を定義する．

$$H(n,r) = \{(i_1,\ldots,i_r) \mid 1 \leq i_1 \leq \cdots \leq i_r \leq n\}$$

集合 $H(n,r)$ の元の個数は $_nH_r$ である．次の写像

---

[3] $C_n = \frac{1}{n+1}\binom{2n}{n}$ は**カタラン数**（Catalan number）と呼ばれている．

$$H(n,r) \ni (i_1, i_2, \ldots, i_r) \xrightarrow{f} (i_1, i_2+1, \ldots, i_r+r-1)$$
$$\in C(n+r-1, r)$$

は全単射写像である．逆写像は

$$(i_1, \ldots, i_k, \cdots, i_r) \mapsto (i_1, \ldots, i_k-k+1, \ldots, i_r-r+1)$$

で与えられる．このとき，集合 $C(n+r-1, r)$ の元の個数は

$$\binom{n+r-1}{r}$$

であるので，求める等式が成立する． □

例題 6.9

1 次方程式

$$x_1 + \cdots + x_r = n$$

の非負整数解の個数を求めよ．

[解] $y_i = x_i + 1$ とおけば，題意の解は

$$y_1 + \cdots + y_r = n + r$$

の自然数解と 1 対 1 に対応する．したがって，その個数は

$$\binom{n+r-1}{r-1} = \binom{n+r-1}{n}$$

である．

次のように考えてもよい．n 個の ○ を一列に並べ，重複を許して $r-1$ 個の切れ目を入れて r 個に分割する．ただし，切れ目は左

端や右端にあってもよいとする．題意の非負整数解はこのような分割と 1 対 1 に対応する．$r=4$, $n=4$ の場合を見てみよう．

$$|\bigcirc||\bigcirc\bigcirc\bigcirc$$

これは，解 $0+1+0+3=4$ に対応している．この場合には切れ目を入れる場所が $n+1$ 個あるので，分割の個数は

$$_{n+1}H_{r-1} = \binom{n+r-1}{r-1}$$

である[4]．

また，次のように考えることもできる．$\{1,\ldots,r\}$ から重複を許して n 個をとるとき，k を x_k 回とったとすれば，$x_1+\cdots+x_r=n$ が成立し，$(x_1,\ldots,x_r)$ は与えられた方程式の非負整数解になる．このことから，求める非負整数解の個数は

$$_{r}H_{n} = \binom{n+r-1}{n}$$

であることがわかる． □

問題 6.10

$2n$ 人を 2 人ずつの n 組に分割する方法は何通りあるか．

注意 6.11 $\{1,2,\ldots,n\}$ から重複を許して r 個とるとき，1 を i 個とる組合せの数は $\{2,\ldots,n\}$ から重複を許して $r-i$ 個とる組合せの数だから，等式 $_nH_r = \sum_{i=0}^{r} {}_{n-1}H_{r-i}$ が成立する．

---

[4] 逆に，この 2 通りの求め方から，
$$_{n+1}H_{r-1} = \binom{n+r-1}{r-1} = \binom{n+r-1}{n}$$
がわかる．すなわち，命題 6.8 の別の導き方である．

6.2 二項定理

定理 6.12 二項定理 (binary theorem)

次の公式が成立する.

$$(x+y)^n = \sum_{r=0}^{n} \binom{n}{r} x^{n-r} y^r$$

[証明] 積 $\overbrace{(x+y)\cdots(x+y)}^{n}$ を展開したときの項 $x^{n-r}y^r$ を考える. $\{1,\ldots,n\}$ の中から r 個の数字 $\{i_1,\ldots,i_r\}$ をとり, 第 i_k 番目の $(x+y)$ からは y をとり $(k=1,\ldots,r)$, 残りの $(x+y)$ からは x

組み分けの数 ～～～～～～～～～～～～～～ コラム ～～

n 個の物を r 組に分割する場合の数は**第 2 種スターリング数** (Stirling number of the second kind) と呼ばれ, 記号 $\{{n \atop r}\}$ で表される. たとえば, $\{A,B,C,D\}$ を 2 組に分割する方法は次のとおりで, $\{{4 \atop 2}\} = 7$ となる.

$$\{A,B\} \cup \{C,D\}, \quad \{A,C\} \cup \{B,D\}$$
$$\{A,D\} \cup \{B,C\}, \quad \{A\} \cup \{B,C,D\}$$
$$\{B\} \cup \{A,C,D\}, \quad \{C\} \cup \{A,B,D\}$$
$$\{D\} \cup \{A,B,C\}$$

この場合, 次の漸化式が成立する.

$$\left\{{n \atop r}\right\} = r\left\{{n-1 \atop r}\right\} + \left\{{n-1 \atop r-1}\right\} \quad (n > r \geq 2)$$

実際, 1 個除いた残りの $n-1$ 個の物を r 組に分けて, 除いた 1 個をどれかの組に加える場合の個数は $r\{{n-1 \atop r}\}$ であり, 除いた 1 個がそれのみで組になる場合は $\{{n-1 \atop r-1}\}$ 通りである.

をとった積は $x^{n-r}y^r$ である．したがって，項 $x^{n-r}y^r$ の係数は n 個の数字から r 個の数字をとる組合せの数 $\binom{n}{r}$ に等しい． □

例題 6.13

二項定理を帰納法で証明せよ．

[解] $n=1$ のときは明らかである．$n=k$ のときには，二項定理が成立すると仮定する．このとき，例題 6.4 を用いると，

$$\begin{aligned}
(x+y)^{k+1} &= (x+y)\left\{\sum_{r=0}^{k}\binom{k}{r}x^r y^{k-r}\right\} \\
&= \sum_{r=0}^{k}\binom{k}{r}x^{r+1}y^{k-r} + \sum_{r=0}^{k}\binom{k}{r}x^r y^{k+1-r} \\
&= \sum_{r=1}^{k+1}\binom{k}{r-1}x^r y^{k+1-r} + \sum_{r=0}^{k}\binom{k}{r}x^r y^{k+1-r} \\
&= x^{k+1} + y^{k+1} + \sum_{r=1}^{k}\left\{\binom{k}{r-1}+\binom{k}{r}\right\}x^r y^{k+1-r} \\
&= \sum_{r=0}^{k+1}\binom{k+1}{r}x^r y^{k+1-r}
\end{aligned}$$

コラム　　　　　　　　　　　　　　パスカルの三角形

係数 $\binom{n}{r}$ はパスカルの三角形で表される．

```
            1
          /   \
         1     1
        / \   / \
       1   2   1
      / \ / \ / \
     1   3   3   1
    / \ / \ / \ / \
   1   4   6   4   1
```

となり，証明すべき公式は $n = k+1$ のときにも成立する． □

問題 6.14

$(x+y)^5$ を展開せよ．

問題 6.15

次の等式を示せ．
(1) $\displaystyle\sum_{r=0}^{n} \binom{n}{r} = 2^n$
(2) $\displaystyle\sum_{r=0}^{n} (-1)^r \binom{n}{r} = 0$

問題 6.16

1 と 2 とが並んだ n 個の数字の列を考える．
(1) 2 の個数が r 個の，列の個数を求めよ．
(2) その中で 2 が隣り合わない列の個数を求めよ．

問題 6.17

$n \geq m$ のとき，等式
$$\sum_{r=0}^{m} \binom{m}{r}\binom{n}{r} = \binom{n+m}{m}$$
を示せ．

命題 6.18

自然数 n の自然数への分割 $n = r_1 + \cdots + r_m$ が与えられたとき，n 個の物から $r_1, \ldots, r_m$ 個をとる組合せの数は
$$\frac{n!}{r_1! \cdots r_m!}$$
である．

[証明] n 個の物から $r_1, \ldots, r_m$ 個をとる組合せの数を $\binom{n}{r_1, \ldots, r_m}$ で表す．それぞれの組合せについて，並べる順列の数は $r_1! \cdots r_m!$ である．これらを集めれば，n 個の物を並べる順列が得られるので，次の等式が成立する．

$$r_1! \cdots r_m! \binom{n}{r_1, \ldots, r_m} = n!$$

□

定理 6.19

次の多項定理が成立する．

$$(x_1 + \cdots + x_m)^n = \sum_{r_1 + \cdots + r_m = n} \frac{n!}{r_1! \cdots r_m!} x_1^{r_1} \cdots x_m^{r_m}$$

[証明] $x_1^{r_1} \cdots x_m^{r_m}$ は n 個の $(x_1 + \cdots + x_m)$ の中から各 x_j を r_j ($j = 1, \ldots, m$) 個とった積として得られる．よって，$x_1^{r_1} \cdots x_m^{r_m}$ の係数は n 個の物から $r_1, \ldots, r_m$ 個をとる組合せの数に等しい．

□

例題 6.20

r 個の変数の式 $x_1^{i_1} \cdots x_r^{i_r}$（このような式を単項式という）で次数 $i_1 + \cdots + i_r$ が n に等しいものの個数は

$$\binom{n+r-1}{n}$$

であることを示せ．

[解] 問題は方程式 $i_1 + \cdots + i_r = n$ の非負整数解の個数を求めることと同値である． □

例 6.21

2 変数 x, y の場合，n 次の単項式は $x^n, x^{n-1}y, \ldots, x^{n-i}y^i$, $\ldots, y^n$ の $n+1$ 個である．また，$r=3$ のときには，n 次の単項式の個数は $(n+1)(n+2)/2$ である．とくに，3 次の単項式は次の 10 個である．

$$x^3, y^3, z^3, x^2y, x^2z, y^2x, y^2z, z^2x, z^2y, xyz$$

6.3 包含と排除の原理

有限集合 $A_1, \ldots, A_n$ の和集合の元の個数 $|A_1 \cup \cdots \cup A_n|$ を求めるための公式がある．

定理 6.22　包含と排除の原理

有限集合 $A_1, \ldots, A_n$ について，公式

$$|A_1 \cup \cdots \cup A_n| = \sum_{k=1}^{n} (-1)^{k-1} \left(\sum_{i_1 < \cdots < i_k} |A_{i_1} \cap \cdots \cap A_{i_k}| \right)$$

が成立する．

[証明] 有限集合の個数 n に関する帰納法を用いる．$n=1$ のときはもちろん正しい．$n=2$ のときも正しい（命題 2.7）．$n>2$

とし，集合の個数が $n-1$ 個のとき正しいと仮定する．このとき，$n=2$ のときの公式により，

$$|A_1 \cup \cdots \cup A_n|$$
$$= |(A_1 \cup \cdots \cup A_{n-1}) \cup A_n|$$
$$= |A_1 \cup \cdots \cup A_{n-1}| + |A_n| - |(A_1 \cup \cdots \cup A_{n-1}) \cap A_n|$$

が成立する．また，

$$(A_1 \cup \cdots \cup A_{n-1}) \cap A_n = (A_1 \cap A_n) \cup \cdots \cup (A_{n-1} \cap A_n)$$

である．帰納法の仮定により，

$$|A_1 \cup \cdots \cup A_{n-1}| = \sum_{k=1}^{n-1}(-1)^{k-1}\left(\sum_{i_1<\cdots<i_k<n}|A_{i_1} \cap \cdots \cap A_{i_k}|\right)$$

であり，

$$-|(A_1 \cap A_n) \cup \cdots \cup (A_{n-1} \cap A_n)|$$
$$= -\sum_{k=1}^{n-1}(-1)^{k-1}\left(\sum_{i_1<\cdots<i_k<n}|A_{i_1} \cap \cdots \cap A_{i_k} \cap A_n|\right)$$

である．これらをまとめることにより，求める公式が得られる．実際，A_n を含む項と含まない項に分けることにより，求める公式の右辺は，次のように変形される．

$$\sum_{k=1}^{n-1}(-1)^{k-1}\left(\sum_{i_1<\cdots<i_k<n}|A_{i_1} \cap \cdots \cap A_{i_k}|\right)$$
$$-\sum_{k=1}^{n-1}(-1)^{k-1}\left(\sum_{i_1<\cdots<i_k<n}|A_{i_1} \cap \cdots \cap A_{i_k} \cap A_n|\right) + |A_n|$$

□

系 6.23

とくに，$n=3$ のときの公式は次のようになる．

$$|A_1 \cup A_2 \cup A_3| = |A_1| + |A_2| + |A_3| - |A_1 \cap A_2|$$
$$- |A_2 \cap A_3| - |A_1 \cap A_3| + |A_1 \cap A_2 \cap A_3|$$

例題 6.24

100 までの自然数の中で，2，3，5 のどれでも割れないものの個数を求めよ．

[解] 次のようにおく．

$$M = \{1, 2, 3, \ldots, 100\}$$
$$A_1 = \{n \in M \mid n \text{ は } 2 \text{ の倍数}\}$$
$$A_2 = \{n \in M \mid n \text{ は } 3 \text{ の倍数}\}$$
$$A_3 = \{n \in M \mid n \text{ は } 5 \text{ の倍数}\}$$

数える対象の集合は $A_1^c \cap A_2^c \cap A_3^c = (A_1 \cup A_2 \cup A_3)^c$ である．$|A_1| = 50$，$|A_2| = 33$，$|A_3| = 20$ であり

$$A_1 \cap A_2 = \{n \in M \mid n \text{ は } 6 \text{ の倍数}\}$$
$$A_2 \cap A_3 = \{n \in M \mid n \text{ は } 15 \text{ の倍数}\}$$
$$A_1 \cap A_3 = \{n \in M \mid n \text{ は } 10 \text{ の倍数}\}$$

となるので，$|A_1 \cap A_2| = 16$，$|A_2 \cap A_3| = 6$，$|A_1 \cap A_3| = 10$ がわかる．また，

$$A_1 \cap A_2 \cap A_3 = \{n \in M \mid n \text{ は } 30 \text{ の倍数}\}$$

だから，$|A_1 \cap A_2 \cap A_3| = 3$ である．したがって，$|A_1 \cup A_2 \cup A_3| = 74$ となり，$|(A_1 \cup A_2 \cup A_3)^c| = 26$ である． □

6.3 包含と排除の原理

問題 6.25

1 から n までの自然数の中で, n と互いに素な数の個数を表す関数をオイラー関数（Euler's function）と呼び, $\varphi(n)$ で表す. このとき, n の素因数が $p_1,\ldots,p_r$ であれば, 公式

$$\varphi(n) = n \prod_{i=1}^{r}\left(1 - \frac{1}{p_i}\right)$$

が成立することを証明せよ.

例題 6.26

$\{1,\ldots,n\}$ から $\{1,\ldots,n\}$ への全単射写像で $(n \geq 2)$, すべての i について, i の像が i でないものの個数は

$$n!\left(\sum_{k=2}^{n}(-1)^k \frac{1}{k!}\right)$$

で与えられることを示せ.

[解] S_n で $\{1,\ldots,n\}$ から自分自身への全単射写像全体の集合を表し, $A_i \subset S_n$ で i の像が i になる全単射写像からなる部分集合を表すことにする. このとき, 題意の個数は集合 $A_1^c \cap \cdots \cap A_n^c = (A_1 \cup \cdots \cup A_n)^c$ の個数に等しい. さて, $A_{i_1} \cap \cdots \cap A_{i_k}$ は $i_1,\ldots,i_k$ を動かさない全単射写像だから, 残りの $n-k$ 個の数字の全単射写像で決まるので,

$$|A_{i_1} \cap \cdots \cap A_{i_k}| = (n-k)!$$

である（例題 6.1）. 定理 6.22 を適用することにより,

$$|A_1 \cup \cdots \cup A_n| = \sum_{k=1}^{n} (-1)^{k-1}(n-k)! \binom{n}{k} = \sum_{k=1}^{n} (-1)^{k-1} \frac{n!}{k!}$$

がわかる．よって，求める場合の数は，次で与えられる．

$$n! \left(\sum_{k=2}^{n} (-1)^k \frac{1}{k!} \right)$$

□

例 6.27

$n=4$ の場合，題意に合う写像は次の 9 通りである．

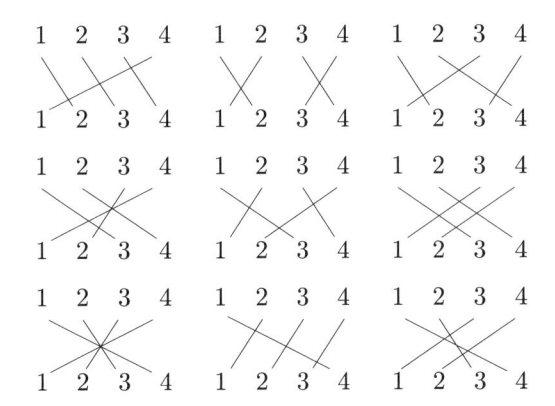

第 7 章

数の仕組み

　自然数や整数の基本的な性質とその原理を整理する．割り算原理，ユークリッド互除法，素数，素因数分解などである．素数には不思議なことがいろいろあり，多くの未解決問題がある．意外に思えるかもしれないが，割り算計算の果たしている役割は非常に大きい．

7.1 割り算原理

自然数 $\{1,2,3,\ldots\}$ に 0 および負の数 $\{-1,-2,-3,\ldots\}$ を加えて整数が構成される．整数全体の集合 **Z** においては，足し算，引き算，かけ算が自由にできる．整数 a,b について，ある整数 c が存在して，$a = bc$ と表されるとき，a は b の**倍数**（multiple）である，a は b で**割り切れる**，あるいは b は a の**約数**（divisor）（または因数）であるといい，$b|a$ という記号で表す．整数 $a \neq 0$ に対して，$\pm 1, \pm a$ は a の約数である．これらを a の自明な約数という．

例 7.1

0 は任意の整数の倍数である．± 1 は任意の整数の約数である．また，任意の整数は 0 の約数である．

問題 7.2

(1) $b|a$ かつ $c|b$ のとき，$c|a$ を示せ．
(2) $d \neq 0$ のとき，$b|a \Leftrightarrow bd|ad$ を示せ．

例題 7.3

整数 $a \neq 0$ の約数は有限個であることを示せ．

[解] b を a の約数とすると，もちろん $|b| \leq |a|$ であるので，a の約数の個数は高々 $2|a|$ である． □

問題 7.4

60 のすべての約数を求めよ．

割り算原理

自然数の最も重要な性質は，割り算原理（division algorithm）である．

定理7.5　割り算原理

a,b を整数とし，$b>0$ を仮定すれば，

$$a = bq + r, \quad 0 \leq r < b$$

を満たす整数 q,r が一意的に存在する．このとき，q を**商**（quotient），r を**余り**（remainder）という．

[証明] **存在**　集合 $A = \{a - bn \mid n \in \mathbf{Z}, a - bn \geq 0\} \subset \mathbf{N} \cup \{0\}$ には最小元 $r \geq 0$ が存在する（整列集合の原理）．このとき，整数 q が存在して，$r = a - bq$ と表され，

$$bq \leq a < b(q+1)$$

が成立する．したがって，$r - b = a - b(q+1) < 0$ である（図7-1）．

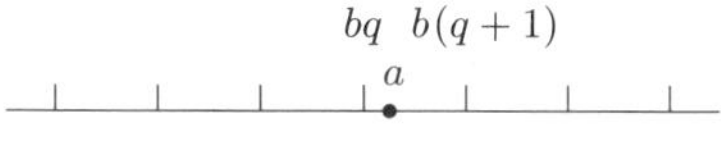

図 **7-1**　割り算

一意性　q', r' を $a = bq' + r'$ $(0 \leq r' < b)$ を満たす他の整数の組とすると，$b(q - q') = r' - r$ である．一方，$q - q' \neq 0$ のとき，

$$b|q - q'| \geq b > |r - r'|$$

が成立するので，これは矛盾である．もちろん，$q - q' = 0$ であれば，$r - r' = 0$ である．　□

問題7.6

a, b を整数とし，$b \neq 0$ を仮定すれば，

$$a = bq + r, \quad 0 \leq r < |b|$$

を満たす整数 q, r が一意的に存在することを示せ．

7.2 最小公倍数，最大公約数

整数 $a_1, \ldots, a_r$ が与えられたとき，すべての a_i の共通の倍数になる 0 でない整数を，$a_1, \ldots, a_r$ の**公倍数**（common multiple）という．**最小公倍数**（least common multiple）は公倍数の中で最小の自然数として定義され，$\mathrm{LCM}(a_1, \ldots, a_r)$ という記号で表される．ただし，a_i の中に 0 がある場合には，$\mathrm{LCM}(a_1, \ldots, a_r) = 0$ と定めておく．

次に，すべての a_i の共通の約数になる整数を，$a_1, \ldots, a_r$ の**公約数**（common divisor）という．整数 $a_1, \ldots, a_r$ の中に 0 でないものがあれば，公約数は有限個しかない（例題7.3）．**最大公約数**（greatest common divisor）は公約数の中で最大の自然数として定義され，$\mathrm{GCD}(a_1, \ldots, a_r)$ という記号で表される．特別に，$\mathrm{GCD}(0, \ldots, 0) = 0$ としておく．

二つの整数 a, b について，$\mathrm{GCD}(a, b) = 1$ のとき，a と b は**互いに素**（relatively prime）であるという．これは，a, b の公約数が ± 1 しかないことを意味する．

例 7.7
$\mathrm{GCD}(a_1,\ldots,a_r,0) = \mathrm{GCD}(a_1,\ldots,a_r)$ である．

補題 7.8
$a_1,\ldots,a_r$ を 0 でない整数とする．

(1) $l = \mathrm{LCM}(a_1,\ldots,a_r)$ のとき，$a_1,\ldots,a_r$ の任意の公倍数は l の倍数である．

(2) $d = \mathrm{GCD}(a_1,\ldots,a_r)$ のとき，$a_1,\ldots,a_r$ の任意の公約数は d の約数である．

[証明] (1) l' を $a_1,\ldots,a_r$ の公倍数とする．このとき，各 i について，$a_i\,|\,l$, $a_i\,|\,l'$ である．割り算をして，
$$l' = lq + r, \quad 0 \leq r < l$$
と表されたとすると，すべての i について，$a_i\,|\,r$ が成立するので，$r = 0$, すなわち $l\,|\,l'$ でなければ，l の最小性に反する．

(2) d' を $a_1,\ldots,a_r$ の公約数とする．いま，$d'' = \mathrm{LCM}(d',d)$ とおくと，各 a_i は d および d' の倍数であるので，(1) のことから $d''\,|\,a_i$ がわかり，d'' も $a_1,\ldots,a_r$ の公約数である．よって $d'' \leq d$ であり，定義から $d \leq d''$ でもあるので，$d'' = d$ でなければならない．したがって，$d'\,|\,d$ が成立する． □

補題 7.9
整数 a,b ($b \neq 0$) に対して，$a = bq + r$ と表されたとする．このとき，等式 $\mathrm{GCD}(a,b) = \mathrm{GCD}(b,r)$ が成立する．

[証明] $d = \mathrm{GCD}(a,b)$, $d' = \mathrm{GCD}(b,r)$ とする．等式 $a = bq + r$ から $d'\,|\,a$ がわかるので，d' は a,b の公約元であり，$d' \leq d$ であ

る．同様に，$r = a - bq$ だから $d|r$ であり，$d \leq d'$ となる．したがって，$d = d'$ が成立する． □

🌱 ユークリッドの互除法

このことを利用して，自然数 a, b の最大公約数 $\mathrm{GCD}(a, b)$ を求めることができる．順に，

$$\begin{cases} a &= q_0 b + r_1 \\ b &= q_1 r_1 + r_2 \\ r_1 &= q_2 r_2 + r_3 \\ &\cdots \\ r_{i-1} &= q_i r_i + r_{i+1} \\ &\cdots \end{cases}$$

のように割り算をすると，$b > r_1 > r_2 > \cdots$ だから，この操作は有限回で終了して，$r_{n-1} = q_n r_n$ となる n が存在する．補題 7.9 により，$\mathrm{GCD}(a, b) = \mathrm{GCD}(b, r_1) = \mathrm{GCD}(r_1, r_2) = \cdots = \mathrm{GCD}(r_n, 0) = r_n$ が成立するので，r_n が求める最大公約数である．この方法をユークリッドの互除法（Euclidean algorithm）という．

問題 7.10

124 と 84 の最大公約数を求めよ．

定理 7.11

整数 a, b の最大公約数を d とするとき，

$$sa + tb = d$$

を満たす整数 s, t が存在する．

[証明] $a = b = 0$ のときには自明であるので，いま，$b \neq 0$ とする．ユークリッドの互除法における上記の列を利用する．移項すると，

$$\begin{cases} r_1 &= a - q_0 b \\ r_2 &= b - q_1 r_1 \\ r_3 &= r_1 - q_2 r_2 \\ &\cdots \\ r_{i+1} &= r_{i-1} - q_i r_i \\ &\cdots \\ r_n &= r_{n-2} - q_{n-1} r_{n-1} \end{cases}$$

となるので，r_i の右辺を順次その次の式に代入することにより，最終的には，$r_n = sa + tb$ となる s, t が存在することがわかる． □

もちろん，整数 s, t がすぐに見つかる場合もある．

(1) $1 = 3 \cdot (-7) + 11 \cdot 2$
(2) $4 = 12 \cdot (-7) + 44 \cdot 2$

注意 7.12 $sa + tb = d$ の一つの解を (s_0, t_0) とするとき，一般の整数解 (s, t) は，$a = da^*$，$b = db^*$ とおくと，

$$\begin{cases} s = s_0 + nb^* \\ t = t_0 - na^* \end{cases}$$

と表される．

例題 7.13

ユークリッド互除法を用いて，等式

$$34s + 21t = 1$$

を満たす整数 s, t を求めよ．

[解] まず，ユークリッド互除法を実行する．

$$34 = 1 \cdot 21 + 13$$
$$21 = 1 \cdot 13 + 8$$
$$13 = 1 \cdot 8 + 5$$
$$8 = 1 \cdot 5 + 3$$
$$5 = 1 \cdot 3 + 2$$
$$3 = 1 \cdot 2 + 1$$
$$2 = 2 \cdot 1$$

このとき，

$$\begin{aligned}1 &= 3 - 2 = 3 - (5 - 3) = 2 \cdot 3 - 5 \\ &= 2 \cdot (8 - 5) - 5 = 2 \cdot 8 - 3 \cdot 5 \\ &= 2 \cdot 8 - 3 \cdot (13 - 8) = 5 \cdot 8 - 3 \cdot 13 \\ &= 5 \cdot (21 - 13) - 3 \cdot 13 = 5 \cdot 21 - 8 \cdot 13 \\ &= 5 \cdot 21 - 8 \cdot (34 - 21) \\ &= 13 \cdot 21 + (-8) \cdot 34\end{aligned}$$

となり，求める結果に到達する． □

問題 7.14

$a = 888891111$, $b = 123454321$ とおく．

(1) a, b の最大公約数 d を求めよ．

(2) $as + bt = d$ となる整数の組 (s, t) を一つ求めよ.

[定理 7.11 の別証明] ここでも, $b \neq 0$ を仮定する. 集合

$$A = \{na + mb \,|\, n, m \in \mathbf{Z}\}$$

を考える. 明らかに, A の二つの元の和や差は A の元であり, A の元の整数倍は A の元である. とくに, $a, b \in A$ である. そこで, 集合 A に含まれる最小の自然数を d とすると, $d = sa + tb$ と表される. いま, $B = \{kd \,|\, k \in \mathbf{Z}\}$ とすると, $A = B$ である.

実際, $A \supset B$ は自明であるので, 逆の包含関係を示すために, A の元 c を任意に選び, d で割り算をして, $c = dq + r$ ($0 \leq r < d$) と表されたとすると, $r = c - dq$ である. 集合 A の性質から, $r \in A$ がわかるので, $r = 0$ でなければ d のとり方に矛盾する. したがって, $c = qd \in B$ となり, 包含関係 $A \subset B$ が成立する.

さて, $a, b \in A = B$ だから, d は a, b の公約数である. そこで, $d^* = \mathrm{GCD}(a, b)$ とすれば, $d \leq d^*$ である. 集合 A の定義により, 整数 s, t が存在して, $d = sa + tb$ と表されるので, $d^* \,|\, d$ であり, $d^* \leq d$ でもある. したがって, $d = d^*$ すなわち $d = \mathrm{GCD}(a, b)$ である. □

系 7.15

整数 $a_1, \ldots, a_r$ に対して, $d = \mathrm{GCD}(a_1, \ldots, a_r)$ とすると,

$$s_1 a_1 + \cdots + s_r a_r = d$$

となる整数 $s_1, \ldots, s_r$ が存在する.

[証明] 帰納的に議論するか, 定理 7.11 の別証明と同様の議論をすればよい. □

問題 7.16

(1) $5s + 7t = 1$ となる整数 s, t を1組求めよ．

(2) $123s + 321t = 3$ となる整数 s, t を1組求めよ．

(3) $15s_1 + 33s_2 + 55s_3 = 1$ となる整数 s_1, s_2, s_3 を1組求めよ．

(4) $30s_1 + 42s_2 + 70s_3 + 105s_4 = 1$ となる整数 s_1, s_2, s_3, s_4 を1組求めよ．

補題 7.17

整数 a, b, n について，$\mathrm{GCD}(n, a) = 1$ のとき，$n \mid ab$ であれば，$n \mid b$ が成立する．

[証明] 定理 7.11 により，$sn + ta = 1$ を満たす整数 s, t が存在する．このとき，$b = snb + tab$ となるので，$n \mid b$ がわかる． □

例題 7.18

整数 a, b が互いに素であるとき，$a \mid c$, $b \mid c$ であれば，$ab \mid c$ が成立することを示せ．

[解] 仮定から，$c = ac' = bc''$, $c', c'' \in \mathbf{Z}$ と表される．定理 7.11 により，$sa + tb = 1$ を満たす整数 s, t が存在する．このとき，

$$c = sac + tbc = (ab)(sc'' + tc')$$

となるので，確かに $ab \mid c$ である． □

問題 7.19

$a_1, \ldots, a_r$ をどの二つも互いに素な自然数とし，b を整数とする．このとき，$a_1 \cdots a_r \mid b$ が成立するための必要十分条件は，各 i について $a_i \mid b$ となることである．このことを示せ．

例題 7.20

整数係数の 1 次方程式

$$a_1 x_1 + \cdots + a_r x_r = b$$

に整数解が存在するための必要十分条件は，b が最大公約数 $d = \mathrm{GCD}(a_1, \ldots, a_r)$ の倍数であることを示せ．

[解] 整数解が存在すれば，$d \mid b$ である．逆に，$b = dc$ を仮定する．系 7.15 により，

$$s_1 a_1 + \cdots + s_r a_r = d$$

を満たす整数 $s_1, \ldots, s_r$ が存在する．このとき，

$$a_1(cs_1) + \cdots + a_r(cs_r) = b$$

となり，$\{cs_1, \ldots, cs_r\}$ は解である． □

7.3 素数

2 以上の自然数 n が自明な約数しか持たないとき，n を素数 (prime number) という．小さいほうから並べると，素数は

$$2, 3, 5, 7, 11, 13, 17, 19, 23, 29, 31, 37, 41, 43, 47, \ldots$$

のように続く．素数以外の自然数（≥ 2）は合成数 (composite number) と呼ばれる．素数の求め方については，エラトステネス (Eratosthenes, BC 275-194) のふるい（図 7-2）が有名である．

たとえば，100 以下の素数を求めるときには，まず，2 以外の 2

```
        2   3  -4-  5   6   7  -8-  -9-  -10-
   11  -12-  13 -14- -15- -16- 17  -18-  19  -20-
  -21- -22- 23 -24- -25- -26- -27- -28- 29 -30-
   31 -32- -33- -34- -35- -36- 37 -38- -39- -40-
   41 -42- 43 -44- -45- -46- 47 -48- -49- -50-
  -51- -52- 53 -54- -55- -56- -57- -58- 59 -60-
   61 -62- -63- -64- -65- -66- 67 -68- -69- -70-
   71 -72- 73 -74- -75- -76- -77- -78- 79 -80-
  -81- -82- 83 -84- -85- -86- -87- -88- 89 -90-
  -91- -92- -93- -94- -95- -96- 97 -98- -99- -100-
```

図 7-2　エラトステネスのふるい

の倍数を消す．次に，残っている2より大きい数の中で最も小さい数は3になるので，3以外の3の倍数を消す．以下同様に，残っている数の中で最も小さい数は素数であるので，その素数を残して，その他の倍数をすべて消すという操作を続ける．この操作で最後まで残った数が素数である．

命題 7.21　ユークリッド（Euclid）

素数は無限に存在する．

[証明]　背理法による．素数が有限個しかないと仮定し，$p_1, \ldots, p_r$ をすべての素数とする．このとき，

$$m = 1 + p_1 \cdots p_r$$

は $p_1, \ldots, p_r$ のいずれでも割れないので，$\{p_1, \ldots, p_r\}$ に含まれない素数になり矛盾である．というのは，もし m が合成数であれば，m を割る素数 p が存在するからである（定理5.5）．　□

補題 7.22

素数 p について，$p\,|\,ab$ であれば，$p\,|\,a$ または $p\,|\,b$ である.

[証明] いま，$p\nmid a$ とすると，$\mathrm{GCD}(a,p)=1$ である．実際，$d=\mathrm{GCD}(a,p)\neq 1$ とすれば，d は p の約数であり，p が素数であるので，$d=p$ でなければならない．これは $p\nmid a$ に反する．$\mathrm{GCD}(a,p)=1$ であれば，補題 7.17 を適用して $p\,|\,b$ を得る．同様に，$p\nmid b$ のときには $\mathrm{GCD}(b,p)=1$ となり，$p\,|\,a$ が成立する． □

問題 7.23

素数 p について，$p\,|\,a_1\cdots a_r$ であれば，ある a_i が存在して，$p\,|\,a_i$ であることを示せ.

定理 7.24　算術の基本定理[1]

すべての自然数 $n\geq 2$ は素数の積に分解され，その分解は積の順序を除いて一意的である．この分解を素因数分解と呼ぶ．

[証明] 素因数分解の存在は定理 5.5 で示した．素因数分解の一意性を証明する．2 通りの素因数分解が得られたと仮定する．

$$n = p_1 \cdots p_r = q_1 \cdots q_s$$

ただし，p_i, q_j はすべて素数とする．このとき，$r=s$ であり，番号を付け直すことにより，$p_1=q_1,\ldots,p_r=q_r$ となることを個数 r に関する帰納法で証明する．まず，$r=1$ のときには，n は素数だから，$n=q_1\cdots q_s$ が可能なのは $s=1$ の場合のみである．次に，$r=k$ のときに順序を除く一意性が成立することを仮定する.

---

[1] fundamental theorem of arithmetic.

等式 $n = p_1 \cdots p_{k+1} = q_1 \cdots q_s$ があれば，$p_{k+1} \mid n$ だから，ある q_j があって，$p_{k+1} \mid q_j$ となる（補題 7.22，問題 7.23）．双方が素数であるので，$p_{k+1} = q_j$ でなければならない．番号を付け直して，$p_{k+1} = q_s$ として一般性を失わない．このとき，

$$p_1 \cdots p_k = q_1 \cdots q_{s-1}$$

が成立する．帰納法の仮定により $s - 1 = k$ であり，番号を付け直して $p_1 = q_1, \ldots, p_k = q_k$ とすることができる．したがって，$p_{k+1} = q_s$ と合わせて，$r = k + 1$ のときにも一意性が成立することが示されたことになる． □

[素因数分解の一意性の別証明] 補題 7.22 を用いない証明を紹介する．この証明はダベンポート（Davenport）[44] による．

証明は n に関する帰納法で行う．まず，$n = 2$ のときは正しい．そこで，$n > 2$ として，n より小さい自然数（≥ 2）については，素因数分解が一意的であることを仮定する．もし n が素数であれば，証明すべきことはないので，n は合成数とする．そこで，

$$n = p_1 \cdots p_r = q_1 \cdots q_s$$

と 2 通りに素因数分解されたとする．このとき，p_i と q_j は互いに

素因数分解　　　　　　　　　　　　　　　　コラム

大きい数の素因数分解は困難である．

$$123456789 = 3^2 \cdot 3803 \cdot 3607$$
$$987654321 = 3^2 \cdot 17^2 \cdot 379721$$
$$11111111111 = 513239 \cdot 21649$$

n が合成数であるとして，その最小の素因数を p とすると $p \leq \sqrt{n}$ となる．したがって，$\sqrt{n}$ までの数の中から素因数を探す作業になる．

異なると仮定してよい．というのは，もし $p_i = q_j$ であれば，それで割った数には帰納法の仮定が適用でき，分解の一意性が成立するからである．番号を付け替えて，$p_1 \leq p_2 \leq \cdots \leq p_r$, $q_1 \leq q_2 \leq \cdots \leq q_s$ とする．いま，$p_1 > q_1$ としても一般性を失わない．このとき，$n \geq p_1^2 > p_1 q_1$ となるので，$n' = n - p_1 q_1$ とおくと $n > n' \geq 1$ であり，$p_1 | n'$, $q_1 | n'$ が成立する．したがって，$p_1 q_1 | n'$ となり（例題7.18），帰納法の仮定により p_1 と q_1 は n' の素因数に含まれる．その結果，n も $p_1 q_1$ で割り切れ，$n = p_1 q_1 n''$ と表される．両辺を p_1 で割ると，$p_2 \cdots p_r = q_1 n''$ が成立する．ふたたび帰納法の仮定により，q_1 はどれかの p_i と一致することになり，最初の仮定に矛盾する． □

例題 7.25

自然数 a, b について，$b \nmid a$ であれば素数 p と自然数 s が存在して，

$$p^s | a, \quad p^{s+1} \nmid a, \quad p^{s+1} | b$$

となることを示せ．

[解] a, b を素因数分解し，同じ素数をまとめて，

$$a = p_1^{e_1} \cdots p_r^{e_r} \quad (e_i \geq 0)$$
$$b = p_1^{f_1} \cdots p_r^{f_r} \quad (f_i \geq 0)$$

と表すことができる．もし，すべての i について $e_i \geq f_i$ であれば，$b | a$ であるので，$e_i < f_i$ となる i が存在する．そこで，$p = p_i$, $s = e_i$ とおけば，$p^s | a$, $p^{s+1} \nmid a$, $p^{s+1} | b$ が成立している． □

問題 7.26

自然数 a, b の素因数分解を

$$a = p_1^{e_1} \cdots p_r^{e_r}, \quad b = p_1^{f_1} \cdots p_l^{f_l} \quad (e_i \geq 0, \ f_j \geq 0)$$

の形に表しておく．このとき，$n_i = \max\{e_i, f_i\}$, $m_i = \min\{e_i, f_i\}$ とすれば，

$$\mathrm{LCM}(a, b) = p_1^{n_1} \cdots p_r^{n_r}$$
$$\mathrm{GCD}(a, b) = p_1^{m_1} \cdots p_r^{m_r}$$

である．このことを証明せよ．

例題 7.27

自然数 n の m 乗根 $\sqrt[m]{n}$ が有理数になる必要十分条件は，n がある自然数の m 乗であることである．このことを示せ．

素数に関する予想　　　コラム

有名な未解決問題を紹介しておく．

ゴールドバッハ[2]**予想**　すべての偶数は2個の素数の和で表される．

$$4 = 2+2, \ 6 = 3+3, \ 8 = 3+5, \ \ldots$$
$$100 = 3+97, \ 102 = 5+97,$$
$$104 = 37+67, \ \ldots$$

双子素数予想　双子素数 $(p, p+2)$ は無限個存在する．

$$(3, 5), \quad (5, 7), \quad (11, 13), \quad (17, 19),$$
$$(29, 31), \quad (41, 43), \quad (59, 61),$$
$$(71, 73), \quad (101, 103), \quad \ldots$$

---

[2] Goldbach, 1690-1764.

[解] もちろん，n が自然数 l の m 乗であれば，$\sqrt[m]{n} = l$ である．逆に，$\sqrt[m]{n}$ が有理数 a/b であるとする．このとき，a, b は互いに素な自然数であるとしてよい．このとき，$a = b\sqrt[m]{n}$ の両辺を m 乗して，$a^m = b^m n$ が成立する．いま，$b \geq 2$ であれば，素因数分解の一意性（定理 7.24）により，b の素因数は a の素因数でなければならない．これは，a, b が互いに素であったことに矛盾する．もちろん，$b = 1$ であれば，$\sqrt[m]{n} = a$ は自然数であり，$n = a^m$ である．

□

第 8 章

合同計算

　　整数全体を自然数 m で割った余りで分類すると，m 種類に分かれる．この分類は日常生活でもしばしば用いられる．たとえば，曜日は 7 による割り算の余りで計算される．この章では，合同式 $a \equiv b \pmod{p}$ の計算法，1 次合同式の解法，連立 1 次合同式を扱う中国剰余定理，フェルマーの小定理とその RSA 暗号への応用などについて述べる．

フェルマー (Fermat, 1607-1665)：数論におけるフェルマーの最終定理と呼ばれる予想は 360 年後にワイルズによって証明された．

8.1 合同式

二つの整数 a, b の差 $a - b$ が自然数 m で割り切れるとき，a と b は m を法として合同（congruent）であるといい，記号では，

$$a \equiv b \pmod{m}$$

で表す[1]．別の言い方をすれば，$a \equiv b \pmod{m}$ ということは a, b を m で割った余りが一致するということである．式 $a \equiv b \pmod{m}$ を**合同式**（congruence）という．

命題 8.1

自然数 m を法として合同という関係は同値関係である．

［証明］ $a \equiv a \pmod{m}$ は自明である．また，$a \equiv b \pmod{m}$ のときには，もちろん，$b \equiv a \pmod{m}$ である．いま，$a \equiv b \pmod{m}$ および $b \equiv c \pmod{m}$ を仮定する．このとき，$a - c = (a - b) + (b - c)$ だから，$a - c$ も m で割り切れる．したがって，$a \equiv c \pmod{m}$ が成立する． □

命題 8.2

$a \equiv b \pmod{m}$ および $a' \equiv b' \pmod{m}$ のとき，

(1) $a + a' \equiv b + b' \pmod{m}$

(2) $aa' \equiv bb' \pmod{m}$

が成立する．

---

[1] この記号はガウスによる．

[証明] 仮定により，$m \mid a - b$, $m \mid a' - b'$ である．
(1) 等式 $(a + a') - (b + b') = (a - b) + (a' - b')$ から，$m \mid (a + a') - (b + b')$ がわかる．
(2) 等式 $aa' - bb' = (a - b)a' + b(a' - b')$ が成立し，$m \mid aa' - bb'$ がわかる．

□

このルールを用いると，合同式の計算がかなり簡単になる．たとえば，$20^7 \pmod{33}$ を計算する場合，$20^2 \equiv 4 \pmod{33}$ や $20^3 \equiv 14 \pmod{33}$ を知っていれば，

$$20^7 \equiv 4^2 \cdot 14 \equiv 224 \equiv 26 \pmod{33}$$

と計算することができる．

系 8.3

$f(x)$ を整数係数の多項式とするとき，$a \equiv b \pmod{m}$ であれば，合同式

$$f(a) \equiv f(b) \pmod{m}$$

が成立する．

例題 8.4

自然数 a を 10 進法で $a_n a_{n-1} \cdots a_0$ と表したとき，

$$a_n + \cdots + a_0 \equiv 0 \pmod{3}$$

ならば，$a \equiv 0 \pmod{3}$ となることを示せ．

[解] $10 \equiv 1 \pmod{3}$ だから，任意の k について，$10^k \equiv 1 \pmod{3}$ となり，

$$a_n \times 10^n + \cdots + a_1 \times 10 + a_0 \equiv a_n + \cdots + a_1 + a_0 \pmod{3}$$

が成立する. □

問題 8.5

10 進数 $a = a_n a_{n-1} \cdots a_0$ について，次を示せ．

(1) $a_1 \times 10 + a_0 \equiv 0 \pmod 4$ のとき, $a \equiv 0 \pmod 4$ である.

(2) $a_n + \cdots + a_0 \equiv 0 \pmod 9$ のとき, $a \equiv 0 \pmod 9$ である.

(3) $(-1)^n a_n + \cdots + a_2 - a_1 + a_0 \equiv 0 \pmod{11}$ のとき, $a \equiv 0 \pmod{11}$ が成立する.

問題 8.6

10 進数 $a = 123x5678y$ がある $(x \leq y)$.

(1) a が 9 で割り切れるような組 (x, y) をすべて求めよ.

(2) a が 9 かつ 11 で割り切れるような組 (x, y) をすべて求めよ.

例題 8.7

ある年の 10 月 1 日は土曜日であった．この年の 4 月 1 日の曜日を計算せよ．

[解] もちろん，4 月，6 月，9 月は 30 日間，5 月，7 月，8 月は 31 日間あるので，$30 \times 3 + 31 \times 3 \equiv 2 \times 3 + 3 \times 3 \equiv 1 \pmod 7$ と

早わかり計算　　コラム

本当かな？
(1) 98765432 は 4 で割り切れる．
(2) 123456789 は 9 で割り切れる．
(3) 487654321 は 11 で割り切れる．

なり，4月1日は金曜日である．

問題 8.8
奇数 n に対しては，$n^2 \equiv 1 \pmod{8}$ となることを示せ．

例題 8.9
自然数 $m > 1$ が与えられたとき，任意の自然数 a は
$$a = a_n m^n + \cdots + a_1 m + a_0 \quad (0 \leq a_i < m,\ a_n \neq 0)$$
の形に一意的に表されることを示せ．このとき，a を
$$a_n a_{n-1} \cdots a_0$$
で表して，a の m 進法表示と呼ぶ．

[解] 上記のような m 進法表示があれば，a_0 は a を m で割ったときの余りである．次に，a_1 は $(a-a_0)/m$ を m で割った余りとして得られる．同様に，a_k は $\{a-(a_{k-1}m^{k-1}+\cdots+a_1 m+a_0)\}/m^k$ を m で割った余りである．したがって，各 a_k は一意的に定まる．

問題 8.10
1 から 24 までの数を 2 進法で表せ．

8.2　1次合同式

次の 1 次合同式はいつ解を持つのであろうか．

$$ax \equiv b \pmod{m}$$

まず，a と m が互いに素なときを考えてみよう．

命題 8.11

整数 a と自然数 m が互いに素であれば，任意の整数 b について，1次合同式

$$ax \equiv b \pmod{m}$$

は解を持つ．一つの解を x_0 とすれば，解全体は

$$\{x_0 + nm \mid n \in \mathbf{Z}\}$$

で与えられる．

[証明] $\mathrm{GCD}(a, m) = 1$ のとき，$sa + tm = 1$ を満たす整数 s, t が存在し，両辺を b 倍すれば $bsa + btm = b$ となる．このとき，

$$a(bs) \equiv b \pmod{m}$$

が成立するので，$x_0 = bs$ が解である．

次に，x を他の解とすると，$ax \equiv b \equiv ax_0 \pmod{m}$ であり，

$$a(x - x_0) \equiv 0 \pmod{m}$$

が成立する．したがって，$m \mid a(x - x_0)$ となり，m と a が互いに素であることから，$m \mid (x - x_0)$ でなければならない（補題 7.17）．逆に $x \equiv x_0 \pmod{m}$ であれば，$ax \equiv ax_0 \pmod{m}$ であるので，x も解である．したがって，解全体の集合は $x \equiv x_0 \pmod{m}$ となる x の集合に一致する． □

系 8.12

p が素数のとき，$p \nmid a$ であれば，1 次合同式 $ax \equiv b \pmod{p}$ には解が存在する．

問題 8.13

各 $a = 2, \ldots, 10$ に対して，1 次合同式 $ax \equiv 1 \pmod{11}$ の解 x を $2 \leq x \leq 10$ の範囲で決定せよ．

一般の場合，解を持つ条件は次のようになる．

定理 8.14

$\mathrm{GCD}(a, m) = d$ のとき，1 次合同式

$$ax \equiv b \pmod{m}$$

が解を持つ必要十分条件は，$d \mid b$ である．また，$d \mid b$ の場合，$m = dm_0$ とし，一つの解を x_0 とすれば，解全体は

$$\{x_0 + nm_0 \mid n \in \mathbf{Z}\}$$

で与えられる．

[証明] この場合には，$sa + tm = d$ となる s, t が存在するので，$d \mid b$ すなわち $b = db'$ と表されれば，$b's$ が解である．逆に，解 x が存在すれば，$ax - b = mc$ となる c があるので，$d \mid b$ がわかる． □

系 8.15

1 次合同式

$$ax \equiv 1 \pmod{m}$$

に解がある必要十分条件は，$\mathrm{GCD}(a,m)=1$ である．

問題 8.16

次の 1 次合同式を解け．
(1) $5x \equiv 2 \pmod{12}$
(2) $6x \equiv 4 \pmod{7}$
(3) $3x \equiv 1 \pmod{4}$

8.3 中国剰余定理

4 世紀頃の中国の数学書「孫子算経」には，次のような問題とその解法が記されているという．

　個数のわからない物があり，3 で割ると 2 余り，5 で割ると 3 余り，7 で割ると 2 余るときに，個数を求めよ．

これは次の連立 1 次合同式の解を求めることと同値である．

$$\begin{cases} x \equiv 2 \pmod{3} & ① \\ x \equiv 3 \pmod{5} & ② \\ x \equiv 2 \pmod{7} & ③ \end{cases}$$

素朴に考えてみよう．①の解は $\ldots, 2, 5, 8, 11, 14, 17, 20, 23, \ldots$ であり，②の解は $\ldots, 3, 8, 13, 18, 23, \ldots$ であり，③の解は $\ldots, 2, 9, 16, 23, \ldots$ である．したがって，23 が一つの解であることがわかる．一般的な問題と解法は次の定理にまとめられる．

定理 8.17　中国剰余定理（Chinese remainder theorem）

どの二つも互いに素な自然数 $m_1, \ldots, m_r$ が与えられたとき，

連立1次合同式

$$\begin{cases} x \equiv b_1 \pmod{m_1} \\ x \equiv b_2 \pmod{m_2} \\ \cdots \\ x \equiv b_r \pmod{m_r} \end{cases}$$

には解が存在する．さらに，一つの解を x_0 とすれば，解全体は $m = \prod_{i=1}^{r} m_i$ として，$\{x_0 + nm \mid n \in \mathbf{Z}\}$ で与えられる．

[証明] 仮定から，各 i について，m_i と $m_i^* = \prod_{j \neq i} m_j$ とは互いに素である．したがって，$m_i s_i + m_i^* t_i = 1$ を満たす整数 s_i, t_i が存在する．このとき，$u_i = m_i^* t_i$ とすれば，$u_i \equiv 1 \pmod{m_i}$ であり，$j \neq i$ であれば $u_i \equiv 0 \pmod{m_j}$ である．そこで，

$$x_0 = \sum_{i=1}^{r} b_i u_i$$

とおけば，x_0 は求める解の一つである．実際，$x_0 \equiv b_i \pmod{m_i}$ が成立する．次に x を上記の連立合同式の任意の解とすると，すべての i について $x \equiv x_0 \pmod{m_i}$，すなわち $m_i \mid (x - x_0)$ であり，$m_1, \ldots, m_r$ が互いに素であるので，$m \mid (x - x_0)$ が成立する（例題 7.18）．逆に，$m \mid (x - x_0)$ であれば，x が解であることは明らかである． □

[例題 8.18]

200 以下の自然数で，3 で割れば 2 余り，4 で割れば 1 余り，5 で割れば 3 余る数をすべて求めよ．

[解] 次の等式が成立する．

$$7 \cdot 3 + (-1) \cdot 20 = 1, \ 4 \cdot 4 + (-1) \cdot 15 = 1, \ (-7) \cdot 5 + 3 \cdot 12 = 1$$

そこで，$u_1 = (-1) \cdot 20, \ u_2 = (-1) \cdot 15, \ u_3 = 3 \cdot 12$ とおくと，

$$x_0 = 2u_1 + 1u_2 + 3u_3 = 53$$

が一つの解であり，任意の解は $53 + 60n \ (n \in \mathbf{Z})$ で与えられる．したがって，200 以下の自然数解は $53, 113, 173$ の 3 個である． □

問題 8.19

次の連立 1 次合同式を解け．

(1) $x \equiv 1 \pmod{4}, \ x \equiv 1 \pmod{3}, \ x \equiv 3 \pmod{5}$

(2) $x \equiv 0 \pmod{2}, \ x \equiv 2 \pmod{3}, \ x \equiv 4 \pmod{5}$

8.4 フェルマーの小定理

$a^k \pmod{5}$ と $a^k \pmod{7}$ を計算してみると，表 8.1 のようになり，それぞれ a^4 と a^6 のところはすべて 1 である．何か法則があるのではないかと思わせる計算結果である．

表 8.1 左：$a^k \pmod{5}$，右：$a^k \pmod{7}$

a	a^2	a^3	a^4	a^5
1	1	1	1	1
2	4	3	1	2
3	4	2	1	3
4	1	4	1	4

a	a^2	a^3	a^4	a^5	a^6	a^7
1	1	1	1	1	1	1
2	4	1	2	4	1	2
3	2	6	4	5	1	3
4	2	1	4	2	1	4
5	4	6	2	3	1	5
6	1	6	1	6	1	6

定理 8.20　フェルマーの小定理

素数 p が与えられたとき，p で割れない自然数 a に対して，

$$a^{p-1} \equiv 1 \pmod{p}$$

が成立する．

[証明]　a の倍数の集合

$$\{a, 2a, \ldots, (p-1)a\}$$

と集合

$$\{1, 2, \ldots, (p-1)\}$$

とは $\pmod{p}$ で考えると一致する．というのは，$1 \leq i < j < p$ のとき，補題 7.22 により $p \nmid a(j-i)$ となるからである．よって，

$$a^{p-1}(p-1)! \equiv (p-1)! \pmod{p}$$

が成立し，$(p-1)!$ と p とは互いに素ということに注意すると，ふたたび補題 7.22 により，$a^{p-1} \equiv 1 \pmod{p}$ がわかる．　□

例 8.21

素数 7 に定理 8.20 を適用すると，$7 \nmid a$ であれば $7 \mid a^6 - 1$ となることがわかる．たとえば，$7 \mid 2^6 - 1$ や $7 \mid 3^6 - 1$ あるいは $7 \mid 4^6 - 1$ が成立する．実際，$2^6 - 1 = 7 \cdot 3^2$, $3^6 - 1 = 7 \cdot 13 \cdot 2^3$, $4^6 - 1 = 7 \cdot 5 \cdot 13 \cdot 3^2$ である．

定理 8.22

異なる素数 p, q と，p, q と互いに素な自然数 a について，

$$a^{(p-1)(q-1)} \equiv 1 \pmod{pq}$$

が成立する．

[証明] 定理 8.20 により，

$$a^{(p-1)(q-1)} \equiv (a^{q-1})^{p-1} \equiv 1 \pmod{p}$$
$$a^{(p-1)(q-1)} \equiv (a^{p-1})^{q-1} \equiv 1 \pmod{q}$$

が成立する．したがって，$a^{(p-1)(q-1)} - 1$ は p でも q でも割り切れる．いま，p, q は異なる素数だから，$a^{(p-1)(q-1)} - 1$ は pq で割り切れる（例題 7.18）． □

RSA 暗号

RSA 暗号（RSA cryptography）というフェルマーの小定理を応用した暗号がある．名前の RSA は 3 人の発案者 Rivest, Shamir, Adleman の頭文字に由来する（1977 年）．これは，非常に大きい数の素因数分解が困難であることを用いた公開鍵暗号の一つである．その仕組みは次のようになっている．

1. 暗号の受信者は，異なる素数 p, q，および $(p-1)(q-1)$ と互いに素な数 M を選び，積 $n = pq$ と M を公開する．
2. 受信者は $Mx \equiv 1 \pmod{(p-1)(q-1)}$ の解 N を計算しておく（命題 8.11）．$MN = 1 + (p-1)(q-1)r$ を満たす r がある．
3. 暗号の送信者は，伝えたい数 x（メッセージ）から，$y = x^M \pmod{n}$ を計算して，その y（暗号）を受信者に送る．
4. 受信者は $y^N \pmod{n}$ を計算して，$x \pmod{n}$ を得る（復号という）．実際，定理 8.22 により，

$$y^N = x^{MN} \equiv x \cdot \left(x^{(p-1)(q-1)}\right)^T \equiv x \pmod{n}$$

となり，$x \pmod n$ が復元できる．

- 素数 p, q を定め，$n=pq$ とおく
- M を選ぶ
- N を計算する

公開鍵：n, M

受信者 $y \leftarrow y$ 送信者

x

メッセージ：x

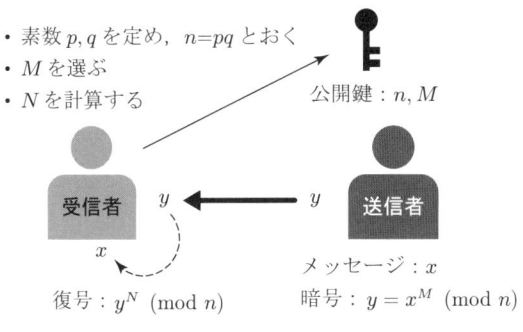

復号：$y^N \pmod n$ 　暗号：$y = x^M \pmod n$

図 8-1　RSA 暗号の仕組み

例 8.23

$p = 3$，$q = 11$ と定めると，$n = pq = 3 \cdot 11 = 33$ である．そこで，$M = 3$ とすると，$3 \cdot 7 = 1 + (3-1)(11-1) \cdot 1$ となり，$N = 7$ とすることができる．この場合，公開鍵は $n = 33$ と $M = 3$ になる．この例はあくまでも練習用であり，実用的な暗号になるのは，非常に大きい素数 p, q の場合である．

❦❦❦ コラム ❦❦❦❦❦❦❦❦❦❦　RSA 暗号による数あてゲーム

各自の誕生日（日のみ）を x として，次の計算を行ってみよう．
(1) x^3 を 33 で割った余り y（暗号）を求めよ．
(2) y^7 を 33 で割った余り z（復号）を求めよ．

例 8.23 を用いる．この場合，公開鍵は組 $(n, M) = (33, 3)$ である．たとえば，$x = 26$ の場合，$26^3 = 17576 \equiv 20 \pmod{33}$ で，暗号は $y = 20$ である．このとき，$20^7 = 1280000000 \equiv 26 \pmod{33}$ となって，$x = 26$ が復元できている．

付録 A

複素数

　大学数学においては，複素数は必要不可欠な素材である．この付録では，複素数に関する基礎事項をまとめておく．高校で習ったことの補足と考えてほしい．

　数の範囲は，自然数から始まって，整数，有理数，実数，複素数と拡大されてきた．人類が零や無理数，あるいは負数の概念に到達するまでに長い年月を要したことは，よく知られている．複素数は16世紀後半に考えられ始め，19世紀前半になって，ようやく一般に用いられるようになった．複素数誕生のきっかけは，3次方程式が解かれるようになったとき，最終的に実根が得られる場合においても，根の公式（1545年のカルダーノの公式）の途中段階で負数の平方根が必要になったことである．

ガウス（Gauss, 1777-1855）：正17角形の作図，ガウス平面，平方剰余の相互法則，ガウス曲率，電磁気学におけるガウスの法則など数多くの研究業績がある．

複素数

複素数は $a+bi$ の形で表される．ここで，a, b は実数であり，$i = \sqrt{-1}$ は $i^2 = -1$ となる**虚数単位**（imaginary number）である．とくに，bi のような複素数を**純虚数**（purely imaginary number）という．複素数 $\alpha = a + bi$ の a を α の**実部**（real part）といい，$\operatorname{Re}\alpha$ で表す．b は α の**虚部**（imaginary part）といい，$\operatorname{Im}\alpha$ で表す．また，$\overline{\alpha} = a - bi$ を α の共役な複素数という．このとき，$\alpha + \overline{\alpha} = 2a \in \mathbf{R}$ であり，$\alpha\overline{\alpha} = a^2 + b^2$ である．非負実数 $|\alpha| = \sqrt{a^2 + b^2}$ を α の**絶対値**（absolute value）という．複素数の演算は次のようになる．

$$(a+bi) + (c+di) = (a+c) + (b+d)i$$
$$(a+bi) - (c+di) = (a-c) + (b-d)i$$
$$(a+bi)(c+di) = (ac-bd) + (ad+bc)i$$
$$\frac{a+bi}{c+di} = \frac{ac+bd}{c^2+d^2} + \frac{bc-ad}{c^2+d^2}i \quad (c+di \neq 0)$$

とくに，$a+bi \neq 0$ であれば，$a+bi$ には乗法に関する逆元

$$\frac{a}{a^2+b^2} - \frac{bi}{a^2+b^2}$$

が存在する．

例題 A.1

$\alpha = \overline{\alpha}$ となる必要十分条件は α が実数であることを示せ．

[解] $\alpha = a + bi$ のとき，$\alpha = \overline{\alpha}$ は $a = a$, $b = -b$ を意味するので，$b = 0$ となり，$\alpha = a$ は実数である． □

問題 A.2

次の計算を行え．
(1) $(1+2i)(1-2i)$
(2) $\dfrac{1}{2+5i}$

複素平面

複素数 $\alpha = a+bi$ に平面上の点 (a,b) を対応させることにより，複素数は実平面 $\mathbf{R}^2$ の点で表される．この平面を**複素平面**（complex plane）あるいは**ガウス平面**（Gauss plane）という（図 A.1）．絶対値 $|\alpha|$ は原点 O からの距離 r に一致する．また，実軸（x 軸）の正の向きとのなす角度 θ を**偏角**（argument）と呼ぶ．このとき，$a = r\cos\theta$, $b = r\sin\theta$ となるので，α は

$$\alpha = r(\cos\theta + i\sin\theta)$$

と表される．この表示を α の**極形式**（polar form）と呼んでいる．偏角は $0 \leq \theta < 2\pi$ の範囲で一意的に定まる．

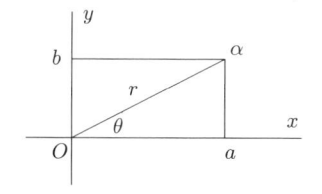

図 A.1 複素平面

問題 A.3

(1) 方程式 $x^2+x+1=0$ を解き，その根を複素平面に図示せよ．
(2) $z^2 = i$ となる複素数 z を $a+bi$ の形で求め（ただし，a,b は実数），複素平面に図示せよ．

問題 A.4

次の計算を行え．

(1) $|(1+2i)(2-i)|$

(2) $\overline{(-1+4i)(2+3i)}$

問題 A.5

複素数 α, β について，次の不等式を証明せよ．

(1) $|\alpha + \beta| \leq |\alpha| + |\beta|$

(2) $||\alpha| - |\beta|| \leq |\alpha - \beta|$

問題 A.6

(1) 三角関数の加法公式を用いて，等式

$$\cos(\varphi + \theta) + i\sin(\varphi + \theta)$$
$$= (\cos\varphi + i\sin\varphi)(\cos\theta + i\sin\theta)$$

を証明せよ．

(2) 複素平面においては，複素数 α と複素数 $\cos\theta + i\sin\theta$ の積 $\alpha(\cos\theta + i\sin\theta)$ は，原点 O を中心に α を θ だけ回転させた点に対応することを示せ．

加法の幾何学的な意味 〜〜〜〜〜〜〜〜〜 コラム 〜〜

複素平面上，複素数の加法は次の図のようになる．複素数を複素平面上のベクトルとみなしたとき，複素数の加法はベクトルの和に対応する．

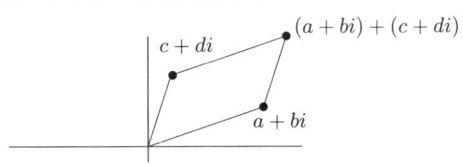

定理 A.7　ド・モアブル[1]の公式

自然数 n に対して，

$$(\cos\theta + i\sin\theta)^n = \cos(n\theta) + i\sin(n\theta)$$

が成立する．

[証明]　問題 A.6 と数学的帰納法を組み合わせればよい．　□

系 A.8

一般の複素数 $\alpha = r(\cos\theta + i\sin\theta)$ については

$$\alpha^n = r^n\bigl(\cos(n\theta) + i\sin(n\theta)\bigr)$$

となる．

🌿 オイラーの公式

複素数を指数とする**指数関数**（exponential function）を定義することができ，等式

$$e^{i\theta} = \cos\theta + i\sin\theta \quad \text{(オイラーの公式)}$$

が成立する．一般の複素数 $\alpha = a + ib$ に対しては，

$$e^{a+ib} = e^a(\cos b + i\sin b)$$

が成立する[2]．問題 A.6 の関係式は指数関数の性質 $e^{i\alpha}e^{i\beta} = e^{i(\alpha+\beta)}$ と理解することができる．とくに，$\theta = \pi$ の場合には，等式

---

[1] de Moivre, 1667-1754.
[2] この関係式によって，複素指数関数 e^z を定義することも可能である．

$$e^{i\pi} + 1 = 0$$

が成立する

例題 A.9

複素数 α が与えられたとき，方程式 $z^n = \alpha$ の三角関数を用いた解法を考えよ．

[解] まず，$\varphi = 2\pi/n$ とし，$\zeta = \cos\varphi + i\sin\varphi$ とおくと，ド・モアブルの公式により，$\zeta^k = \cos k\varphi + i\sin k\varphi$ となり，とくに $\zeta^n = 1$ である．さて，$\alpha = r(\cos\theta + i\sin\theta)$ と表し，

$$\gamma = \sqrt[n]{r}\left(\cos\frac{\theta}{n} + i\sin\frac{\theta}{n}\right)$$

とおけば，$\gamma\zeta^k$ $(k = 0, \cdots, n-1)$ は，方程式 $z^n = \alpha$ に対する n 個の相異なる根である． □

例 A.10

方程式 $z^8 = 1$ の根は

$$\zeta = \frac{1+i}{\sqrt{2}} = \cos\frac{\pi}{4} + i\sin\frac{\pi}{4}$$

とすると，図 A.2 のように示される．

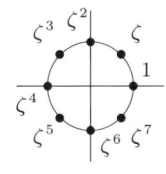

図 A.2 $z^8 = 1$ の根

問題のヒントと解答

問題 **2.1** (1) 有限集合 (2) 無限集合

問題 **2.2** 部分集合 $B \subset A$ をとると，各 i について，i が入るか入らないかの 2 通りであるから，部分集合の個数は 2^n である．A から $\{1,2\}$ への写像の個数と考えてもよい．

問題 **2.5** $A \cap B \cap C = \{3\}$, $A \cap (B \cup C) = \{2, 3, 4\}$

問題 **2.8** 100 以内の自然数の集合を M，その中の 6 の倍数の集合を A，8 の倍数の集合を B とする．求めるのは個数 $|A^c \cap B^c|$ である．簡単な計算により，$|A| = 16$, $|B| = 12$, $|A \cap B| = 4$ であることがわかる．したがって $|A \cup B| = 24$ であり，ド・モルガンの公式 $A^c \cap B^c = (A \cup B)^c$ により，$|A^c \cap B^c| = 76$ がわかる．

問題 **2.9** (1) $(a, b) \in A \times (B \cup C)$ とすると，$a \in A$ であり，$b \in B \cup C$ である．このとき，$b \in B$ であれば $(a, b) \in A \times B$ であり，$b \in C$ であれば $(a, b) \in A \times C$ である．したがって，$(a, b) \in$ 右辺が言える．逆に，$(a, b) \in$ 右辺を仮定すると，$(a, b) \in A \times B$ または $(a, b) \in A \times C$ である．もし $(a, b) \in A \times B$ であれば，$a \in A$ および $b \in B$ であるので，$(a, b) \in A \times B \subset A \times (B \cup C)$ がわかる．同様に，$(a, b) \in A \times C$ であれば，$(a, b) \in A \times C \subset A \times (B \cup C)$ がわかる．

(2) 省略

問題 **2.10** $A = \{a_1, \ldots, a_n\}$, $B = \{b_1, \ldots, b_m\}$ とするとき，

$$A \times B = \{(a_i, b_j) \mid i = 1, \ldots, n, \ j = 1, \ldots, m\}$$

となるので，$|A \times B| = nm = |A||B|$ が成立する．

問題 2.11 $\bigcup_{n \in \mathbf{N}} A_n$ は集合 $\{a \in \mathbf{Q} \mid 0 < a \leq 1\}$ と一致する．明らかに，$\bigcap_{n \in \mathbf{N}} A_n = \{1\}$ である．

問題 2.14 (1) 全射でも単射でもない．
(2) 単射であり，全射ではない．
(3) 全単射写像である．

問題 2.17 (1) A から B への写像は，1 または 2 を 4 個並べた数列で表される．全射でない写像は 1111 および 2222 に対応する写像である．したがって，全射写像の個数は $2^4 - 2 = 14$ である．

(2) 同様に，A から B への写像は $\{1,2,3,4\}$ から 2 個をとって並べた数列で表される．単射でない写像は 11, 22, 33, 44 に対応する写像である．したがって，単射写像の個数は $4^2 - 4 = 12$ である．

問題 2.18 (1) A の元 a, b について $(g \circ f)(a) = (g \circ f)(b)$ を仮定すると，$g(f(a)) = g(f(b))$ であるので，g が単射であれば，$f(a) = f(b)$ である．さらに，f が単射であれば，$a = b$ となる．したがって，$g \circ f$ も単射写像である．

(2) C の任意の元 c をとると，g が全射であるので，$c = g(b)$ となる $b \in B$ が存在する．f が全射であるので，$b = f(a)$ となる $a \in A$ が存在する．よって，$g \circ f$ も全射写像である．

問題 2.21 (1) 任意の元 $b \in B$ をとる．合成写像 $g \circ f$ が全射写像であれば，元 $a \in A$ が存在して，$(g \circ f)(a) = g(b)$ となる．このとき $(g \circ f)(a) = g(f(a))$ だから，g の単射性により $b = f(a)$ でなければならない．よって，f は全射写像である．

(2) B の異なる 2 元 b, b' をとる．f が全射だから，$f(a) = b$, $f(a') = b'$ となる元 $a, a' \in A$ が存在する．このとき，$g \circ f$ が単射写像だから，$(g \circ f)(a) \neq (g \circ f)(a')$ である．一方，$g(b) = g(f(a))$, $g(b') = g(f(a'))$ であるので，$g(b) \neq g(b')$ となり，g は単射写像である．

問題 2.23 一般に，$f(f^{-1}(B)) \subset B$ および $A \subset f^{-1}(f(A))$ は明らかである．

(1) **十分条件** 任意の元 $b \in B$ について，f が全射であれば，$f(a) = b$ となる元 $a \in A$ が存在する．もちろん $a \in f^{-1}(B)$

であり，$b = f(a) \in f(f^{-1}(B))$ である．このことから，$B = f(f^{-1}(B))$ が言える．

必要条件 N の任意の元 b に対して，$B = \{b\}$ とおく．$B = f(f^{-1}(B))$ を仮定すれば，ある元 $a \in f^{-1}(B) \subset M$ が存在して，$b = f(a)$ が成立する．これは，f の全射性を意味する．

(2) **十分条件** 任意の元 $a \in f^{-1}(f(A))$ をとると，$f(a) \in f(A)$ であるので，元 $a' \in A$ が存在して，$f(a) = f(a')$ となる．もし f が単射であれば，$a = a' \in A$ となる．このことから，$A = f^{-1}(f(A))$ がわかる．

必要条件 任意の 2 元 $a, a' \in M$ をとり，$f(a) = f(a')$ を仮定する．いま，$A = \{a\}$ とおく．$a' \in f^{-1}(f(A))$ だから，$A = f^{-1}(f(A))$ であれば，$a' = a$ でなければならない．このことは f が単射であることを示している．

問題 3.7 T を単位行列とすれば，$A \sim A$ がわかる．$A \sim B$，すなわち正則行列 T により，$B = TAT^{-1}$ と表されていれば，$A = T^{-1}B(T^{-1})^{-1}$ となり，$B \sim A$ が成立する．$A \sim B$，$B \sim C$ とすれば，正則行列 T, S が存在して，$B = TAT^{-1}$，$C = SBS^{-1}$ が成立する．このとき，$C = (ST)A(ST)^{-1}$ となり，$A \sim C$ が成立する．

問題 3.8 容易

問題 3.11 (1) もちろん，$f(a) = f(a)$ だから，$a \sim a$ である．

(2) $a \sim b$ のとき，$f(a) = f(b)$ であり，$f(b) = f(a)$ でもあるので，$b \sim a$ である．

(3) $a \sim b$ および $b \sim c$，すなわち，$f(a) = f(b)$，$f(b) = f(c)$ であれば，$f(a) = f(c)$ であり，$a \sim c$ がわかる．

さて，f を全射写像とする．次の写像 φ を定義する．

$$(A/\sim) \ni \overline{a} \overset{\varphi}{\mapsto} f(a) \in B$$

容易にわかるように，φ は全単射写像である．

問題 3.21 (1) $(1,5) \prec (2,3) \prec (3,2) \prec (5,1)$

(2) $(2,3) \prec (3,2) \prec (1,5) \prec (5,1)$

(3) $(3,2) \prec (5,1) \prec (2,3) \prec (1,5)$

問題 4.5 真理表による．

P	$\overline{P}$	$\overline{\overline{P}}$
1	0	1
0	1	0

問題 4.6 たとえば，$R_1 = (\overline{P} \wedge Q) \vee (P \wedge \overline{Q})$ でよい．または，$R_2 = (P \vee Q) \wedge (\overline{P} \vee \overline{Q})$ でもよい．

問題 4.11 極限は $1/2$ である．与えられた正数 ε に対して，自然数 N を $N > 1/4\varepsilon + 1/2$ となるように選べば，$n \geq N$ のとき，

$$\frac{n}{2n-1} - \frac{1}{2} = \frac{1}{2(2n-1)} < \varepsilon$$

が成立する．

問題 4.13

$$\overline{(\forall x)(P(x) \Rightarrow Q)} = (\exists x)\overline{(P(x) \Rightarrow Q)} = (\exists x)\overline{(\overline{P(x)} \vee Q)}$$
$$= (\exists x)(P(x) \wedge \overline{Q})$$

「すべての大学生が英語が得意であるとは限らない」あるいは「英語の不得意な大学生がいる」．

問題 5.2 (I) $n = 1$ のとき，$1 = 1^2$ は平方数である．(II) $n = k$ のとき，$\{k, k+1, \ldots, 2k\}$ の中に平方数があると仮定する．もし，$\{k+1, \ldots, 2k\}$ の中に平方数があれば，$\{k+1, \ldots, 2(k+1)\}$ の中にも平方数がある．そこで，k が平方数 m^2 であると仮定する．このとき，$(m-1)^2 = k - 2m + 1 \geq 0$ であるので，$2m \leq k+1$ が成立する．したがって，$(m+1)^2 = k + 2m + 1 \leq 2(k+1)$ となり，$\{k+1, \ldots, 2(k+1)\}$ の中に平方数 $(m+1)^2$ があることがわかる．

問題 5.4 (I) $n = 2$ のとき，$(1+x)^2 = 1 + 2x + x^2 > 1 + 2x$ となる．
(II) $n = k \geq 2$ のとき，$(1+x)^k > 1 + kx$ を仮定すると，$(1+x)^{k+1} > (1+kx)(1+x) = 1 + (k+1)x + kx^2 > 1 + (k+1)x$ となり，$n = k+1$ のときも成立する．

問題 5.7 題意のような n 個の数字の列の集合を A_n とする．定義により $a_n = |A_n|$ である．明らかに，

$$A_1 = \{1, 2\}, \ a_1 = 2$$
$$A_2 = \{11, 12, 21\}, \ a_2 = 3$$

である．$n \geq 3$ のとき，$q \in A_n$ を

$$q = q_n \cdots q_i \cdots q_1$$

で表し（各 q_i は 1 か 2），一番左の数字を除いた $n-1$ 個の数字の列を $q' = q_{n-1} \cdots q_1$ とおき，同様に $q'' = q_{n-2} \cdots q_1$ とおく．このとき，$q_n = 1$ であれば $q' \in A_{n-1}$ である．また，$q_n = 2$ であれば，題意により $q_{n-1} = 1$ がわかり，$q'' \in A_{n-2}$ となる．したがって，$q \in A_n$ は

$$q = 1q' \ (q' \in A_{n-1}) \ \text{または} \ q = 21q'' \ (q'' \in A_{n-2})$$

と表されるので，漸化式 $a_n = a_{n-1} + a_{n-2}$ が成立する．次に，

$$b_n = \frac{1}{\sqrt{5}} \left\{ \left(\frac{1+\sqrt{5}}{2} \right)^{n+2} - \left(\frac{1-\sqrt{5}}{2} \right)^{n+2} \right\}$$

とおき，$a_n = b_n$ を数学的帰納法（変化型 3）で証明する．

(I) まず，$b_1 = 2$, $b_2 = 3$ である．

(II) 次に，$n \geq 3$ とし，$k < n$ のとき，$a_k = b_k$ を仮定する．このとき，次の計算で，$a_n = b_n$ が示される．

$$\begin{aligned}
a_n &= a_{n-1} + a_{n-2} = b_{n-1} + b_{n-2} \\
&= \frac{1}{\sqrt{5}} \left\{ \left(\frac{1+\sqrt{5}}{2} \right) + 1 \right\} \left(\frac{1+\sqrt{5}}{2} \right)^n \\
&\quad - \frac{1}{\sqrt{5}} \left\{ \left(\frac{1-\sqrt{5}}{2} \right) + 1 \right\} \left(\frac{1-\sqrt{5}}{2} \right)^n \\
&= \frac{1}{\sqrt{5}} \left(\frac{1+\sqrt{5}}{2} \right)^2 \left(\frac{1+\sqrt{5}}{2} \right)^n \\
&\quad - \frac{1}{\sqrt{5}} \left(\frac{1-\sqrt{5}}{2} \right)^2 \left(\frac{1-\sqrt{5}}{2} \right)^n \\
&= b_n
\end{aligned}$$

問題 5.14 (1) 鳩の巣原理による.

(2) 鳩の巣原理を一般化した次の事実が成立する. 写像 $f: \{1,\ldots,m\} \to \{1,\ldots,n\}$ が与えられているとき, $m > an$ であれば, 逆像の個数が $a+1$ 個以上の数字 $i \in \{1,\ldots,n\}$ が存在する.

問題 6.2 回転させることにより, 最初にとる物を固定することができる. したがって, 求める円順序の個数は, 残りの $n-1$ 個の物を並べる順列の個数 $(n-1)!$ に一致する.

問題 6.6 次の計算による.

$$\frac{\binom{2n}{n}}{n+1} = \frac{(2n)!}{n!(n+1)!} = \frac{1}{n(n+1)} \cdot \frac{(2n)!}{(n-1)!n!}$$
$$= \left(\frac{1}{n} - \frac{1}{n+1}\right) \frac{(2n)!}{(n-1)!n!} = \binom{2n}{n} - \binom{2n}{n+1}$$

問題 6.7 $1 \leq r \leq p-1$ のとき, 素数 p は $\binom{p}{r}$ の分母 $r!(p-r)!$ の素因数には含まれないので, $\binom{p}{r}$ の素因数に残ることになる.

問題 6.10 ある 1 人と対になる人は $2n-1$ 通りである. それぞれの対に対して, 残り $2n-2$ 人を $n-1$ 組に分けることになるので, 答えは

$$(2n-1) \cdot (2n-3) \cdots 3 \cdot 1 = \frac{(2n-1)!}{2^{n-1}(n-1)!}$$

となる.

問題 6.14 二項定理を適用すればよい.

$$(x+y)^5 = x^5 + 5x^4y + 10x^3y^2 + 10x^2y^3 + 5xy^4 + y^5$$

問題 6.15 (1)(2) とも, 二項定理において, $x = y = 1$ あるいは $x = 1$, $y = -1$ とおけばよい.

問題 6.16 (1) $\binom{n}{r}$

(2) 1 を $n-r$ 個並べ, その間と両端の $n-r+1$ 個の場所から r 個を選んで, 2 を並べればよい. それには, $r \leq n-r+1$ すなわち $2r \leq n+1$ でなければならない. 個数は $\binom{n-r+1}{r}$ である.

問題 6.17 等式 $(1+x)^{n+m} = (1+x)^n(1+x)^m$ における x^m の係数を比較すればよい.

問題 6.25 $M = \{1, 2, 3, \ldots, n\}$, $A_i = \{m \in M \mid m$ は p_i の倍数$\}$ とする. 題意の集合は $\cap_{i=1}^r A_i^c = (\cup_{i=1}^r A_i)^c$ である. 仮定から, $n = p_1^{e_1} \cdots p_r^{e_r}$ の形である. したがって, $|A_i| = n/p_i$ である. 同様に,

$|A_{i_1} \cap \cdots \cap A_{i_k}| = n/(p_{i_1} \cdots p_{i_k})$ となる. 定理 6.22 を適用すると, $|(A_1 \cup \cdots \cup A_r)|$ は次のように計算される.

$$\sum_{k=1}^{r} (-1)^{k-1} \left(\sum_{i_1 < \cdots < i_k} \frac{n}{p_{i_1} \cdots p_{i_k}} \right)$$

このことから, $|(A_1 \cup \cdots \cup A_r)^c|$ は

$$n \left(1 - \left(\sum_{k=1}^{r} (-1)^{k-1} \left(\sum_{i_1 < \cdots < i_k} \frac{1}{p_{i_1} \cdots p_{i_k}} \right) \right) \right)$$
$$= n \left(\prod_{i=1}^{r} (1 - \frac{1}{p_i}) \right)$$

となる.

問題 7.2 (1) $a = ba'$, $b = cb'$ のとき, $a = ca'b'$ となるので, $c|a$ がわかる.

(2) $a = bc$ とするとき, もちろん $ad = bcd$ である. 逆に, $ad = bdc$ と表されているとき, $d \neq 0$ であれば $a = bc$ が成立する.

問題 7.4 $\{\pm 1, \pm 2, \pm 3, \pm 4, \pm 5, \pm 6, \pm 10, \pm 12, \pm 15, \pm 20, \pm 30, \pm 60\}$

問題 7.6 容易

問題 7.10 $\mathrm{GCD}(124, 84) = 4$

問題 7.14 (1) $d = 11111$ (2) たとえば, $(s, t) = (-1234, 8885)$

問題 7.16 (1) $(-4, 3)$ (2) $(-60, 23)$ (3) $(-8, 2, 1)$
(4) $(-10, 3, 1, 1)$

問題 7.19 必要条件は明らかであるので, 十分条件を r に関する帰納法で証明する. 例題 7.18 により, $r = 2$ のときは正しい. $r = k \geq 2$ のとき成立すると仮定して, $r = k+1$ のときを考える. 最初の $a_1, \ldots, a_k$ に帰納法の仮定を適用して, $a_1 \cdots a_k | b$ を得る. このとき, $a_1 \cdots a_k$ と a_{k+1} とは互いに素であるので, ふたたび例題 7.18 により, $a_1 \cdots a_{k+1} | b$ がわかる.

問題 7.23 r に関する帰納法で証明する. $r = 2$ のときは補題 7.22 による. $r = k$ のとき成立すると仮定して, $r = k+1$ のときを考察する. $a_1 \cdots a_{k+1} = (a_1 \cdots a_k) a_{k+1}$ として, $r = 2$ の結果を用いると, $p | a_1 \cdots a_k$ または $p | a_{k+1}$ が成立する. $p | a_1 \cdots a_k$ であれば, 帰納法の仮定により, $p | a_i$ となる $i \in \{1, \ldots, k\}$ がある.

問題 7.26 d が a, b の公約元であれば，$d = p_1^{k_1} \cdots p_r^{k_r}$ で，$k_i \leq e_i$ および $k_i \leq f_i$ である．したがって，$p^{m_i} \cdots p_r^{m_r}$ が最大公約数である．一方，l が a, b の公倍数であれば，$l = p^{j_1} \cdots p_r^{j_r} c$ ($j_i \geq e_i$, $j_i \geq f_i$) でなければならない．よって，$p_1^{n_1} \cdots p_r^{n_r}$ が最小公倍数である．

問題 8.5 (1) $k \geq 2$ のとき，$10^k \equiv 0 \pmod{4}$ だから，$a \equiv a_1 \times 10 + a_0$ となる．

(2) 合同式 $10^k \equiv 1 \pmod{9}$ による．

(3) 合同式 $10^k \equiv (-1)^k \pmod{11}$ による．

問題 8.6 (1) $1+2+3+x+5+6+7+8+y = 32+x+y$ となるので，$a \equiv 0 \pmod{9}$ となるのは，$x+y \equiv 4 \pmod{9}$ のときである．条件 $x \leq y$ があるので，答えは，$(x,y) = (0,4), (1,3), (2,2), (4,9), (5,8), (6,7)$ の 6 通りである．

(2) $(2,2)$

問題 8.8 $n = 2k+1$ とすると，$n^2 = 4k(k+1) + 1$ である．

問題 8.10 対応を表にする．

10 進法	2 進法	10 進法	2 進法	10 進法	2 進法
1	1	9	1001	17	10001
2	10	10	1010	18	10010
3	11	11	1011	19	10011
4	100	12	1100	20	10100
5	101	13	1101	21	10101
6	110	14	1110	22	10110
7	111	15	1111	23	10111
8	1000	16	10000	24	11000

問題 8.13 解は次のようになる．

a	2	3	4	5	6	7	8	9	10
x	6	4	3	9	2	8	7	5	10

問題 8.16 (1) $10 + 12n,\ n \in \mathbf{Z}$ (2) $3 + 7n,\ n \in \mathbf{Z}$ (3) $3 + 4n,\ n \in \mathbf{Z}$

問題 8.19 (1) $13 + 60k,\ k \in \mathbf{Z}$ (2) $14 + 30k,\ k \in \mathbf{Z}$

問題 **A.2** (1) 5 (2) $(2-5i)/29$

問題 **A.3** (1) $(-1 \pm \sqrt{3}i)/2$

(2) $(a+bi)^2 = a^2 - b^2 + 2abi$ となるので，$a^2 - b^2 = 0$, $2ab = 1$ の実数解を求めればよい．$b = a$ のとき，$a^2 = 1/2$ で，$a = \pm 1/\sqrt{2}$ である．$b = -a$ のとき，$a^2 = -1/2$ で，実解はない．答えは，$\pm(1+i)/\sqrt{2}$.

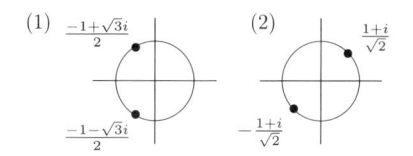

(1) $\frac{-1+\sqrt{3}i}{2}$, $\frac{-1-\sqrt{3}i}{2}$　　(2) $\frac{1+i}{\sqrt{2}}$, $-\frac{1+i}{\sqrt{2}}$

問題 **A.4** (1) 5 (2) $-14-5i$

問題 **A.5** (1) $\alpha = a+bi$, $\beta = c+di$ とする．このとき，
$$(|\alpha|+|\beta|)^2 = a^2+b^2+c^2+d^2 + 2\sqrt{a^2+b^2}\sqrt{c^2+d^2}$$
$$|\alpha+\beta|^2 = (a+c)^2 + (b+d)^2$$
$$= a^2+b^2+c^2+d^2 + 2ac + 2bd$$

となる．不等式 $(a^2+b^2)(c^2+d^2) \geq (ac+bd)^2$ から，求める不等式が従う．

(2) β と $\alpha - \beta$ に (1) を適用して，$|\alpha| - |\beta| \leq |\alpha - \beta|$ を得る．同様に，$|\beta| - |\alpha| \leq |\beta - \alpha|$ も成立する．

問題 **A.6** (1) $(\cos\varphi + i\sin\varphi)(\cos\theta + i\sin\theta)$
$$= (\cos\varphi\cos\theta - \sin\varphi\sin\theta)$$
$$+ i(\cos\varphi\sin\theta + \sin\varphi\cos\theta)$$
$$= \cos(\varphi+\theta) + i\sin(\varphi+\theta)$$

(2) (1) による．

索　引

■ **数字**

1 次合同式　109

1 次従属　51

1 次独立　51

■ **欧文**

RSA 暗号　116

■ **あ**

余り　89

アル・フアリズミー　3

ヴィエト　2

エラトステネス　97

円順序　72

オイラー　19

　　　——関数　85

■ **か**

ガウス　106

下界　37

各　4

下限　37

カタラン数　75

合併集合　13

カルダーノ　2

関数　19

間接証明　52

偽　40

幾何　4

帰納法の仮定　57

逆　53

逆写像　24

共通部分　13

極限　48

極小元　34

極小条件　34

虚数単位　120

虚部　120

空集合　12

組合せ　73

グレブナ　37

系　5

元　12

合成写像　22

合成数　97
合同　106
　　——式　106
恒等写像　21
公倍数　90
公約数　90
コーシー　47
個数　13
ゴールドバッハ予想　102

■ さ

最小元　34
最小公倍数　90
最大公約数　90
辞書式順序　36
次数付き辞書式順序　36
実部　120
写像　18
集合　12
　　——族　17
収束　47
十分条件　41
受信者　116
述語　46
純虚数　120
順序　33
　　——関係　27, 33
　　——集合　33
順列　72
商　89
上界　37
上限　37

真　40
真部分集合　12
真理値　40
真理表　40
数学的帰納法　56
スターリング数　78
すべての　4
整列集合　35, 62
関孝和　2
絶対値　120
全射　20
全順序　33
全単射写像　20
素因数分解　60
像　18, 20
送信者　116
添え字集合　17
素数　60, 97

■ た

対偶　53
代数　4
対等　32
互いに素　90
単射　20
値域　18
中国剰余定理　112
重複組合せ　75
直積集合　17
直接証明　52
定義域　18
定理　5

同値関係　27
同値類　28
　　——集合　29
ド・モアブル　123
ド・モルガン　16
どれも　4

■な
二項定理　78
任意の　4

■は
倍数　88
背理法　53
パスカルの三角形　79
鳩の巣原理　64, 65
半順序　33
反例　54
比　30
必要条件　41
フェルマー　114
複素平面　121

双子素数　102
部分集合　12
ペアノ　56
包含写像　21
包含と排除の原理　82
補集合　15
補題　5

■ま
無限降下法　63
命題　5, 40

■や
約数　88
有界　37
有限集合の基本定理　68
有理数　30
ユークリッドの互除法　92

■わ
和集合　13
割り算原理　89

memo

memo

memo

memo

memo

〈著者紹介〉

酒井　文雄（さかい　ふみお）

略　歴
1948 年　愛媛県生まれ
1974 年　東京大学大学院理学系研究科博士課程退学
現　在　埼玉大学大学院理工学研究科教授を経て，埼玉大学名誉教授
　　　　理学博士

著　書
『環と体の理論』，共立出版，1997．
『数学のかんどころ 12 平面代数曲線』，共立出版，2012．

数学のかんどころ 4	著　者	酒井文雄　ⓒ 2011
大学数学の基礎	発行者	南條光章
(*The Basics of University Mathematics*)	発行所	共立出版株式会社
2011 年 5 月 30 日　初版 1 刷発行		東京都文京区小日向 4-6-19
2022 年 3 月 30 日　初版 5 刷発行		電話　03-3947-2511（代表）
		郵便番号　112-0006
		振替口座　00110-2-57035
		URL www.kyoritsu-pub.co.jp
	印　刷	大日本法令印刷
	製　本	協栄製本
検印廃止	NSPA	一般社団法人 自然科学書協会 会員
NDC 331		
ISBN 978-4-320-01984-3		Printed in Japan

JCOPY　<出版者著作権管理機構委託出版物>
本書の無断複製は著作権法上での例外を除き禁じられています．複製される場合は，そのつど事前に，出版者著作権管理機構（TEL：03-5244-5088，FAX：03-5244-5089，e-mail：info@jcopy.or.jp）の許諾を得てください．